PLC 控制技术

主　编　焦　键　黄才彬
副主编　周　园　林　珑　金长江

北京理工大学出版社
BEIJING INSTITUTE OF TECHNOLOGY PRESS

内 容 简 介

本书以西门子 S7-1200 PLC 为对象，详细而全面地介绍了 PLC 控制技术。全书共六个项目，分别为 PLC 基础认知、基本逻辑指令应用、功能指令应用、PLC 通信功能应用、PLC 模拟量扩展模块应用、传送带分拣系统综合应用，包含 19 个任务。

本书根据高职教育特点，立足实践与应用能力技术培养的原则，力求在实训项目、内容、体系和方法上有所创新，注重教学、训练、融入可编程控制系统集成及应用"1+X"职业资格考试理论与技能知识统筹覆盖，实现知识体系为中心转变为能力达成目标为中心，以任务驱动的模式进行项目设计。

本书为重庆市在线开放课程平台《PLC 控制技术》精品课程配套教材，并依托课程资源建成 PLC 与电气控制虚拟仿真实训资源。

本书既可作为中、高职院校及技校自动化类专业教材，也可作为 PLC 培训教材，还可作为从事 PLC 技术研究、开发的工程技术人员的参考书。

版权专有　侵权必究

图书在版编目（CIP）数据

　PLC 控制技术 / 焦键，黄才彬主编. -- 北京：北京理工大学出版社，2023.10
　　ISBN 978-7-5763-3014-4

　Ⅰ.①P… Ⅱ.①焦… ②黄… Ⅲ.①PLC 技术-高等职业教育-教材 Ⅳ.①TM571.61

　中国国家版本馆 CIP 数据核字（2023）第 200021 号

责任编辑：陈莉华		**文案编辑**：陈莉华	
责任校对：刘亚男		**责任印制**：施胜娟	

出版发行 / 北京理工大学出版社有限责任公司
社　　址 / 北京市丰台区四合庄路 6 号
邮　　编 / 100070
电　　话 /（010）68914026（教材售后服务热线）
　　　　　　（010）68944437（课件资源服务热线）
网　　址 / http://www.bitpress.com.cn

版 印 次 / 2023 年 10 月第 1 版第 1 次印刷
印　　刷 / 河北盛世彩捷印刷有限公司
开　　本 / 787 mm×1092 mm　1/16
印　　张 / 11.25
字　　数 / 264 千字
定　　价 / 55.00 元

图书出现印装质量问题，请拨打售后服务热线，负责调换

前　言

智能制造是制造强国建设的主攻方向，其发展程度直接关乎我国制造业的质量水平。可编程逻辑控制器（PLC）在现代工业企业的生产加工与制造过程中起到了十分重要的作用。

党的二十大报告指出"要加快实施智能制造工程，推动传统产业转型升级，加强数字化、网络化、智能化改造，提高制造业数字化水平和智能化水平。"党的二十大报告还指出"我们要办好人民满意的教育，全面贯彻党的教育方针，落实立德树人根本任务，培养德智体美劳全面发展的社会主义建设者和接班人，加快建设高质量教育体系，发展素质教育，促进教育公平"。

为全面贯彻党的二十大精神，以社会主义核心价值为引领，弘扬精益求精的专业精神、职业精神和工匠精神，在推动职业教育大改革大发展的背景下，结合职业教育"以能力为本位"的指导思想，实现将知识体系为中心转变为以能力达成目标为中心。

本书以西门子S7—1200 PLC中的典型实训项目为载体，旨在解决实际项目的思路和操作，将教学、训练、技能等级考试理论与技能知识考点统筹编写而成。采用一体化教学模式，内容新颖，任务明确，注重科学性。本书内容由易到难，实战性强，适用性强，配套资源丰富，有利于激发学生的学习兴趣，适合每一位初学者。

全书由重庆水利电力职业技术学院焦键负责组织编写与统稿，周园负责编写项目一和项目二，林珑负责编写项目三，焦键负责编写项目四，黄才彬负责编写项目六，成都航空职业技术学院金长江负责编写项目五。

本书编写过程中参考了SIMATIC S7-1200可编程控制器系统手册等资料，在此全体编者向原作者们表示衷心的感谢！

由于编者水平有限，本书难免存在各种不足与缺点，恳请广大读者批评指正。

编　者

目　　录

项目一　PLC 基本认知 ·· 1

项目引入 ··· 1
学习目标 ··· 1
任务 1　初识 S7-1200 PLC ··· 2
　　任务导入 ··· 2
　　任务分析 ··· 2
　　知识链接 ··· 2
　　任务实施 ··· 6
　　任务评价 ··· 9
任务 2　TIA 软件的使用 ·· 11
　　任务导入 ·· 11
　　任务分析 ·· 11
　　知识链接 ·· 11
　　任务实施 ·· 13
　　任务评价 ·· 16
项目小结 ··· 17
巩固练习 ··· 17

项目二　基本逻辑指令应用 ·· 18

项目引入 ··· 18
学习目标 ··· 18
任务 1　电动机正转控制 ··· 18
　　任务导入 ·· 18
　　任务分析 ·· 19
　　知识链接 ·· 19
　　任务实施 ·· 22
　　任务评价 ·· 26

任务 2　电动机正反转控制 27
任务导入 27
任务分析 27
知识链接 27
任务实施 31
任务评价 33

任务 3　单按钮多电动机启停控制 34
任务导入 34
任务分析 34
知识链接 34
任务实施 37
任务评价 39

项目小结 39
巩固练习 40

项目三　功能指令应用 41

项目引入 41
学习目标 41

任务 1　彩灯循环控制 42
任务导入 42
任务分析 42
知识链接 42
任务实施 43
任务评价 47

任务 2　交通灯控制 49
任务导入 49
任务分析 49
知识链接 49
任务实施 50
任务评价 53

任务 3　流水灯控制 55
任务导入 55
任务分析 55
知识链接 55
任务实施 56
任务评价 59

任务 4　数码管显示控制 60

任务导入	60
任务分析	60
知识链接	60
任务实施	62
任务评价	67

任务 5　手动/自动工作模式切换控制 … 68

任务导入	68
任务分析	68
知识链接	68
任务实施	69
任务评价	72

项目小结 … 73

巩固练习 … 73

项目四　PLC 通信功能应用 … 75

项目引入 … 75

学习目标 … 76

任务 1　S7-1200 PLC 水位采集控制 … 76

任务导入	76
任务分析	76
知识链接	77
任务实施	83
任务评价	87

任务 2　PROFINET（TCP）通信实现两台 S7-1200 PLC 之间的电机控制 … 88

任务导入	88
任务分析	88
知识链接	88
任务实施	95
任务评价	101

任务 3　S7 通信实现两台 S7-1200 PLC 之间的数据传输 … 102

任务导入	102
任务分析	102
知识链接	102
任务实施	104
任务评价	111

项目小结 … 111

巩固练习 … 112

项目五　PLC 模拟量扩展模块应用 113

项目引入 113
学习目标 113
任务 1　温度传感器测量值转换控制 113
 任务导入 113
 任务分析 114
 知识链接 114
 任务实施 117
 任务评价 121
任务 2　恒压供水的 PID 控制 122
 任务导入 122
 任务分析 122
 知识链接 122
 任务实施 124
 任务评价 131
项目小结 132
巩固练习 132

项目六　传送带分拣系统综合应用 133

项目引入 133
学习目标 133
任务 1　底座来料控制 134
 任务导入 134
 任务分析 134
 知识链接 134
 任务实施 135
 任务评价 140
任务 2　物料分拣控制 142
 任务导入 142
 任务分析 142
 知识链接 142
 任务实施 143
 任务评价 147
任务 3　滑台控制 148
 任务导入 148
 任务分析 148

知识链接 ··· 148
　　任务实施 ··· 151
　　任务评价 ··· 158
任务4　物料入库控制 ··· 160
　　任务导入 ··· 160
　　任务分析 ··· 160
　　知识链接 ··· 160
　　任务实施 ··· 161
　　任务评价 ··· 168
项目小结 ·· 169
巩固练习 ·· 169

参考文献 ··· 170

项目一　PLC 基本认知

项目引入

可编程逻辑控制器（Programmable Logic Controller，PLC）是一种具有微处理器的用于自动化控制的数字运算控制器，可以将控制指令随时载入内存进行储存与执行。目前，PLC 已广泛用于机械制造、电力、汽车、钢铁、石油等各个领域。

早期的可编程逻辑控制器只有逻辑控制的功能，所以被命名为可编程逻辑控制器，简称 PLC。随着技术不断地发展，有了包括逻辑控制、时序控制、模拟控制、多机通信等各类功能，所以其名称也改为可编程控制器（Programmable Controller，PC），但为了避免将它的简写 PC 与个人电脑（Personal Computer）的简写相混淆，因此还是习惯性使用可编程逻辑控制器（PLC）这一称呼。

本项目主要学习西门子 S7-1200 PLC 的功能特点、硬件组成以及 TIA 博途软件的安装和使用方法等。本项目通过 2 个实训任务实现对 PLC 硬件结构及其型号的认知，掌握博途软件的安装方法、TIA 软件项目创建的方式等基本操作。

学习目标

■ 知识目标
- 熟悉 S7-1200 PLC 的功能特点、硬件组成和工作原理；
- 掌握博途软件安装方法及注意事项；
- 掌握博途软件的基本操作方法；

■ 能力目标
- 能够进行 PLC 输入回路的连接；（1+X 技能）
- 能够进行 PLC 输出回路的连接；（1+X 技能）
- 可以对 PLC 进行参数配置；（1+X 技能）

■ 素质目标
- 通过学习新技术培养学生对科技的探索精神；
- 通过学习获取资料和帮助的方法培养学生自主学习能力。

任务 1　初识 S7-1200 PLC

任务导入

PLC 的生产厂商很多，如西门子、施耐德、三菱、欧姆龙等，几乎涉及工业自动化领域的厂商都会有其 PLC 产品提供。其中西门子（SIEMENS）公司的 PLC 产品包括 S7-200、S7-1200、S7-300、S7-400、S7-1500 等。西门子 S7 系列 PLC 体积小、速度快、标准化，具有网络通信能力，功能更强，可靠性高。S7-1200 PLC 的定位处于原有的 SIMATIC S7-200 PLC 和 SIMATIC S7-300 PLC 之间，是一款紧凑型自动化产品。在涵盖了 S7-200 PLC 原有功能的基础上，S7-1200 PLC 增加了许多新的功能，可以满足更广泛领域的应用要求。S7-1200 PLC 的 CPU 集成了 PROFINET 接口，可以实现编程设备与 CPU、CPU 与 HMI 以及 CPU 与 CPU 之间的通信。

任务分析

西门子 S7-1200 PLC 是专门为中小型自动化控制系统设计的可编程序逻辑控制器，该系列采用了模块化设计，设计紧凑，具有使用灵活、功能强大、用户易于上手等特点，可用于控制不同设备来满足多个行业自动化控制的需求，适用于多种场合。本任务主要认知西门子 S7-1200 PLC，并以该系列 PLC 为例进行分析讲解。

知识链接

一、S7-1200 PLC 的主要特点

（1）结构紧凑。

西门子 S7-1200 PLC 的硬件设计紧凑，相对于其他系列的 PLC，它的 CPU 控制单元设计小巧，为用户节省了大量的空间。这种紧凑的模块化设计方式为用户带来了灵活性，并且易于安装，节约了控制柜的空间和成本。

（2）安全性高。

西门子 S7-1200 PLC 具有较高的安全性，体现在对 CPU 的保护以及对程序逻辑的保护方面。S7-1200 PLC 的 CPU 具有密码保护功能，用户可以使用这项功能设定对 CPU 的连接限制；同时，S7-1200 PLC 还具有将程序块中的内容进行保护的功能，以及将用户的程序保存到特定的存储卡中的功能。

（3）集成性好。

西门子 S7-1200 PLC 的 CPU 上集成有电源、输入输出控制点、模拟量输入、运动控制数字量，还带有 PROFINET 接口，用户可以方便地使用这个接口进行通信操作。

（4）扩展能力强。

西门子 S7-1200 PLC 的 CPU 可以扩展最多 8 个信号模块，这样可以更好地支持控制点

数较多的控制系统。同样地，它还可以通过通信模块的扩展实现更多的通信方式，例如 PROFIBUS 通信。

二、S7-1200 PLC 的主要功能

1. 通信功能

支持 PROFINET、MODBUS TCP/IP、开放式以太网协议、S7 协议、PROFIBUS、USS 和 MODBUS RTU 等协议。

2. 高速计数功能

S7-1200 PLC 提供了最多 6 路的高速计数器，S7-1200 PLC 从固件版本 V4.2 起新增了高速计数器的门功能、同步功能、捕获功能和比较功能等；S7-1200 PLC 拥有多达六个高速计数器，使其可用作精确监视增量编码器频率计数，或对过程事件进行高速计数。S7-1200 PLC 集成了两个高速输出，可用作高速脉冲输出或脉宽调制输出。

3. 运动控制功能

S7-1200 PLC 集成的运动控制功能支持三种控制方式，PROFIdrive 方式、PTO（脉冲串输出）方式和模拟量方式。

4. PID 功能

S7-1200 PLC 最多可以支持 16 路 PID 控制回路，用于过程控制应用。通过博途软件提供的 PID 工艺对象，可以轻松组态 PID 控制回路；对于单个控制回路，除了提供自动调节和手动调节方式外，还提供调节过程的图形化趋势图。

5. 追踪功能

S7-1200 PLC 支持追踪功能，用于追踪和记录变量，可以在博途软件里以图形化的方式进行显示和分析，便于查找和解决故障。

6. 程序仿真功能

S7-1200 PLC 通过使用 PLCSIM 软件进行程序仿真，以便测试 PLC 程序的逻辑与部分通信功能。

7. Web 服务器功能

用户可以通过 PC 或者移动端的 Web 浏览器进行 S7-1200 PLC 的相关数据访问，也可以创建用户自定义的 Web 页面，用于监控设备状态等。

三、S7-1200 PLC 的硬件组成

S7-1200 PLC 主要由 CPU、通信模块、信号模块、信号板等组成。

1. CPU 模块

S7-1200 PLC 的 CPU 内可以安装一块信号板，集成的 PROFINET 接口用于与编程计算机、HMI、其他 PLC 或其他设备通信。S7-1200 PLC 的 CPU 如图 1-1-1 所示，它集成有强大的技术测量闭环控制以及运动控制等功能，拥有多达六个高速计数器，使其可用作精确监视增量编码器频率计数，或对过程事件进行高速计数。

1）PLC 供电电源端子

根据 PLC 的型号不同，其供电方式也有所不同，可以是直流 24 V 供电，或者是交流

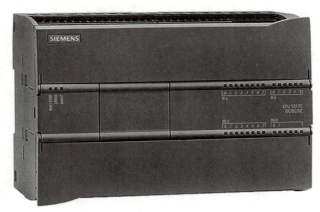

图 1-1-1　S7-1200 PLC 的 CPU

220 V 供电。DC 表示直流电源，AC 表示交流电源，RLY（Relay）表示继电器（可以接不同电压的交流或直流负载）。如果 PLC 型号是 DC/DC/DC，第一个 DC 表示 PLC 供电的电源信号，第二个 DC 表示输入信号，第三个 DC 表示输出信号。若型号是 DC/DC/RLY 采用的是直流 24 V 供电，若型号是 AC/DC/RLY 则采用的是交流 220 V 供电。

2）24 V 输出电源

PLC 提供一个 24 V 电源的输出，可用于给传感器或者模块供电。CPU 1211C 和 CPU 1212C 可提供 300 mA 电流，CPU 1214C/1215C/1217C 可提供 400 mA 的电流。因为这个电流容量是有限制的，当我们使用的传感器或者模块的电流容量超过规定值时，就不能使用这个内置电源了。

3）输入/输出指示灯

当有信号输入时，对应的输入指示灯会点亮且为绿色。当有信号输出时，对应的输出指示灯会点亮也为绿色。

4）状态指示灯

PLC 上的状态指示灯有三个，STOP/RUN 指示灯、ERROR 指示灯、MAINT 指示灯。

STOP/RUN 指示灯为绿色时表示 PLC 处于 RUN 运行模式，为橙色时表示 PLC 处于 STOP 停止模式，如果是绿色和橙色之间交替闪烁，表示 CPU 正在启动。

ERROR 指示灯出现红色闪烁状态时表示有错误，比如 CPU 内部错误、组态错误等，为红色常亮时表示硬件故障。

MAINT 指示灯是在每次插入存储卡的时候会出现闪烁的状态。

5）网络状态指示灯

网络状态指示灯包括 LINK 和 Rx/Tx 指示灯，主要用于显示网络连接状态。如果硬件连接没有问题，那么 LINK 指示灯是常亮的；如果在进行数据交换时，Rx/Tx 指示灯将会闪烁。

6）数字量输入端子

开关、按钮、传感器、编码器等数字量信号或脉冲量信号可以通过数字量输入端子接入 PLC。S7-1200 PLC 的输入接法可以支持源型接法和漏型接法。

7）模拟量输入端子

CPU 1214C 支持两路 0~10 V 电压信号的模拟量输入。当需要使用模拟量输入功能时，将一些传感器接到该输入端子。

8）数字量输出端子

数字量输出端子是用于接外部负载的，比如指示灯、继电器等。PLC 输出类型分为晶体管输出和继电器输出，晶体管输出是接直流负载，继电器输出可以接交流负载也可以接直流负载，根据 PLC 的输出类型不同，接线方式也有所不同。

2. 通信模块

S7-1200 PLC 最多可以扩展三个通信模块，安装在 CPU 左侧的这个通信模块扩展口上。它可以支持 PROFINET 通信和以太网通信，可以用于 PLC 与编程软件的通信连接、PLC 与触摸屏/上位机之间的通信连接，以及 PLC 与 PLC 之间的以太网通信等。这个端口除了支持 S7 协议之外，还支持 TCP/IP 协议、UDP 协议、MODBUS TCP 等通信协议。

3. 信号模块

信号模块（SM）包括数字量输入（DI）、数字量输出（DQ）、数字量输入/输出（DI/DQ）、模拟量输入（AI）、模拟量输出（AQ）、模拟量输入/输出（AI/AQ）等模块，输入模块用来接收和采集输入信号，输出模块用来控制输出设备和执行器。信号模块除了传递信号外，还有电平转换与隔离的作用。

4. 信号板

S7-1200 PLC 可以扩展信号板，包括数字量输入信号板、数字量输出信号板、数字量输入/输出混合信号板、模拟量输入信号板、模拟量输出信号板、通信信号板和电池信号板。这些信号板是扩展在 PLC 正上方的，使用这些信号板的好处是可以不占用空间的前提下增加输入/输出点。

四、S7-1200 PLC 的工作原理

S7-1200 PLC 采用循环执行用户程序的方式，称为循环扫描工作方式。当 PLC 投入运行后，其工作过程一般分为三个阶段，即输入采样、程序执行和输出刷新三个阶段，如图 1-1-2 所示。完成上述三个阶段称作一个扫描周期。在整个运行期间，PLC 的 CPU 以一定的扫描速度重复执行上述三个阶段。

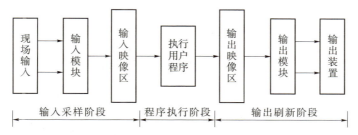

图 1-1-2　S7-1200 PLC 工作过程

PLC 工作过程动画

1. 输入采样阶段

在输入采样阶段，PLC 以扫描方式依次读入所有输入信号的状态和数据，并将它们存入输入映像区中的相应单元内。输入采样结束后，转入程序执行和输出刷新阶段。在这两个阶段中，即使输入状态和数据发生变化，输入映像区中相应单元的状态和数据也不会改变。因此，如果输入是脉冲信号，则该脉冲信号的宽度必须大于一个扫描周期，才能保证在任何情况下，该输入均能被读入。

2. 程序执行阶段

在程序执行阶段，PLC 总是从左到右、自上而下依次扫描用户程序。在扫描每一条梯形图时，又总是先扫描梯形图左边的由各触点构成的控制线路，并按先左后右、先上后下的顺序对由触点构成的控制线路进行逻辑运算，然后根据逻辑运算的结果，刷新该逻辑线圈在系统 RAM 存储区中对应位的状态，或刷新该输出线圈在 I/O 映像区中对应位的状态，或确定是否要执行该梯形图所规定的特殊功能指令。即在程序执行过程中，只有输入点在 I/O 映像区内的状态和数据不会发生变化，而其他输出点和软设备在 I/O 映像区或系统 RAM 存储区内的状态和数据都有可能发生变化，而且排在上面的梯形图，其程序执行结果会对排在下面的凡是用到这些线圈或数据的梯形图起作用；相反，排在下面的梯形图，其被刷新的逻辑线圈的状态或数据只能到下一个扫描周期才能对排在其上面的程序起作用。

3. 输出刷新阶段

当扫描用户程序结束后，PLC 就进入输出刷新阶段。在此期间，CPU 按照输出映像区内对应的状态和数据刷新所有的输出锁存器，再经输出电路驱动相应的外部设备。

任务实施

认识 PLC 各模块及查看各模块型号的方法，并实现 PLC 输入/输出回路的连接。本任务以 S7-1200 1214C 为例，如图 1-1-3 所示。

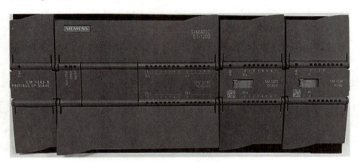

图 1-1-3　西门子 S7-1200 1214C

1. CPU 模块

如图 1-1-4 所示，左上角为设备品牌（SIEMENS），右上角为设备控制器（SIMATIC S7-1200），面板中部为 CPU 型号（CPU 1214C DC/DC/DC），掀开下盖可在右上角查看订货号（6ES7 214-1AG40-0XB0）。

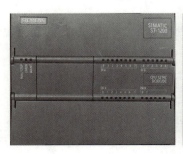 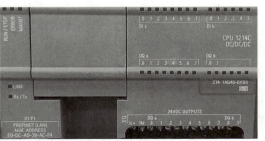

图 1-1-4　CPU 模块

2. 通信模块

通信模块面板如图 1-1-5 所示,在其中部可查看其型号和通信方式,该通信模块型号为 CM 1242-5,并以 PROFIBUS-DP 通信协议进行通信。

图 1-1-5　通信模块面板

3. 数字量信号模块

如图 1-1-6（a）所示为数字量信号模块,在面板中部可查看模块型号（SM 1223 DC/RLY）,掀开下盖,在其左上角可查看订货号（6ES7 223-1PH32-0XB0）。

4. 模拟量信号模块

如图 1-1-6（b）所示为模拟量信号模块,在面板中部可查看模块型号（SM 1234 AI/AQ）,掀开下盖左上角可查看订货号（6ES7 234-4HE32-0XB0）。

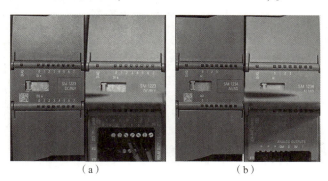

（a）　　　　　　　　　　　（b）

图 1-1-6　信号模块

（a）数字量信号模块；（b）模拟量信号模块

5. 电气接线

如图 1-1-7 所示,为输入/输出端的接线图。其中输入端 L+表示电源 24 V 正极,M 表示供电电源 24 V 负极,.0~.7 表示输入信号端子,1M 表示输入信号公共端（本型号 PLC 接电源负极）,2M 表示模拟量公共端（接电源负极）,0 表示通道 1 正,1 表示通道 2 正。

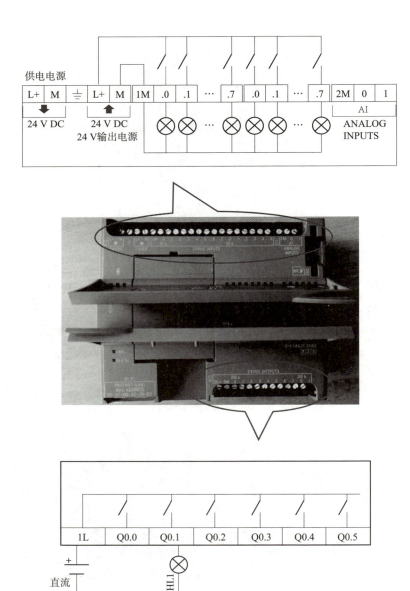

图 1-1-7 S7-1200 1214C DC/DC/DC
输入/输出端子接线电路图

输出端 1L 表示输出信号公共端（本型号 PLC 接电源正极）。

按照图 1-1-8 对面板端子进行 PLC 电源接线，输入元件和输出元件分别一一对应 PLC 的输入/输出端口，这样即可完成 PLC 的接线。

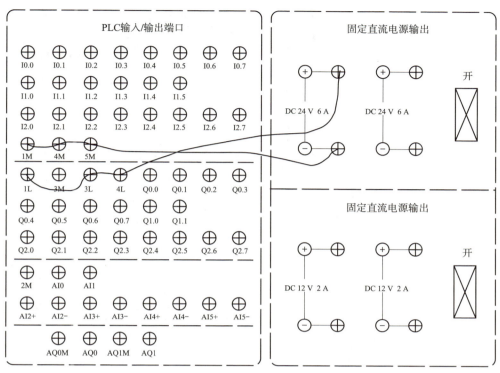

图 1-1-8　面板端子接线图

任务评价

考核项目	考核内容及要求	分值	学生自评（A）	小组评分（B）	教师评分（C）	评价得分（A×20%+B×30%+C×50%）
模块认知（20分）	CPU 模块	5				
	通信模块	5				
	数字量信号模块	5				
	模拟量信号模块	5				
硬件接线（25分）	电源接线	5				
	输入端接线	10				
	输出端接线	10				
调试与维护（25分）	系统调试	10				
	系统运行效果	5				
	故障分析与处理	10				

续表

考核项目	考核内容及要求	分值	学生自评（A）	小组评分（B）	教师评分（C）	评价得分（A×20%+B×30%+C×50%）
团队合作（8分）	沟通能力	3				
	协调能力	3				
	组织能力	2				
安全文明生产（9分）	遵守纪律	3				
	安全用电	3				
	工具使用	3				
完成时间（3分）	模块认知	1				
	硬件接线	1				
	调试与维护	1				
其他评价（10分）	课堂互动	5				
	进阶扩展	5				
总分						

任务 2　TIA 软件的使用

任务导入

TIA（Totally Integrated Automation）是全集成自动化的简称，TIA 博途是西门子全集成自动化的全新工程设计软件平台。博途 STEP 7 是用于组态 SIMATIC S7-1200、S7-1500、S7-300/400 和 WinAC 控制器系列的工程组态软件。

任务分析

掌握 TIA 软件安装方法和注意事项，能够创建新项目，并能识别添加相应设备。

知识链接

一、Portal 视图

Portal 视图是一种面向任务的视图，用户可以进行具体的任务选择。Portal 视图布局主要包括：

（1）任务选项；
（2）所选任务选项对应的操作；
（3）所选操作的选择面板；
（4）切换到项目视图；
（5）当前打开项目的显示信息等。

Portal 视图如图 1-2-1 所示。

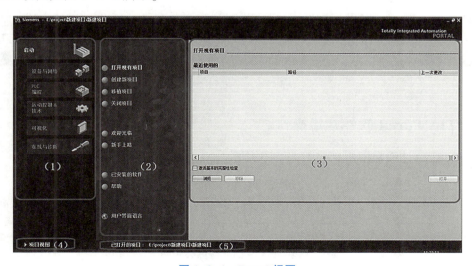

图 1-2-1　Portal 视图

二、项目视图

项目视图是有项目组件的结构化视图,用户可以在项目视图中直接访问所有的编辑器、参数及数据,并进行高效的组态和编程,项目视图的布局包括以下几个部分:

(1)标题栏;

(2)菜单栏和工具栏;

(3)项目树;

(4)详细视图;

(5)工作区;

(6)巡视窗口;

(7)任务卡;

(8)Portal 视图入口;

(9)编辑器栏。

项目视图如图 1-2-2 所示。

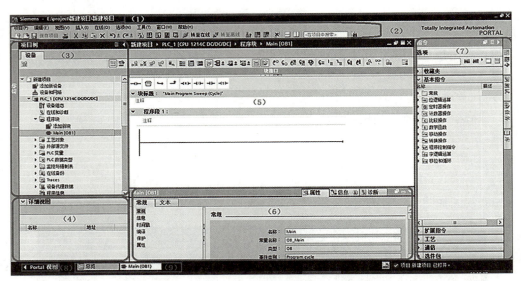

图 1-2-2 项目视图

三、TIA Portal 软件常用操作

TIA Portal 软件的常用工具如图 1-2-3 所示。

图 1-2-3 TIA Portal 软件的常用工具

任 务 实 施

一、安装 TIA 博途编程

启动安装程序,并按照提示进行安装。

二、创建新项目

鼠标右键单击电脑桌面 TIA V15 图标,该软件会以管理员身份运行,将出现项目视图界面,如图 1-2-4 所示。

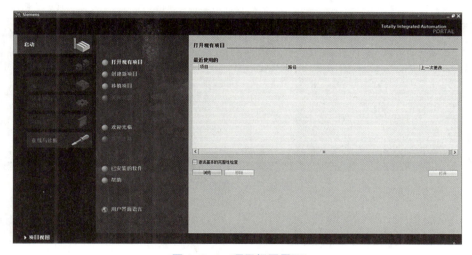

图 1-2-4　项目视图界面

在项目视图中,单击"创建新项目"选项,并输入项目名称(新建项目)、路径和作者等信息,如图 1-2-5 所示,然后单击"创建"按钮即可生成新项目。

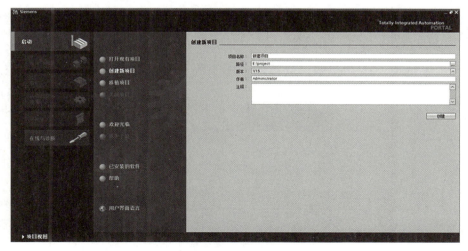

图 1-2-5　创建新项目

PLC 控制技术

单击"设备与网络"项目，双击"添加新设备"选项，随即弹出"添加新设备"对话框，在对话框中选择 CPU 的型号和版本号（必须与实际设备相匹配），即选择 CPU 1214C DC/DC/DC，订货号 6ES7 214-1AG40-0XB0，设置版本为 V4.2，如图 1-2-6 所示。然后单击"确定"按钮。

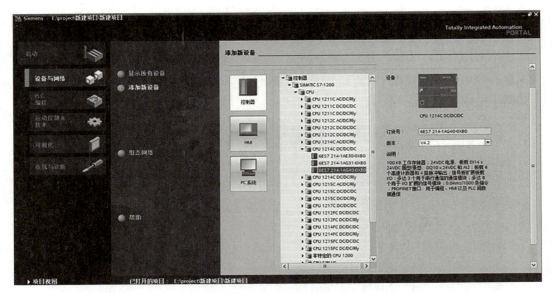

图 1-2-6　组态 PLC

进入 Portal 视图，根据实际任务添加模块，在右侧"硬件目录"选项卡中选择相应的模块，添加通信模块（单击"通信模块"→"PROFIBUS"→"CM1242-5"→"6GK7 242-5DX30-0XE0"选项），如图 1-2-7 所示。

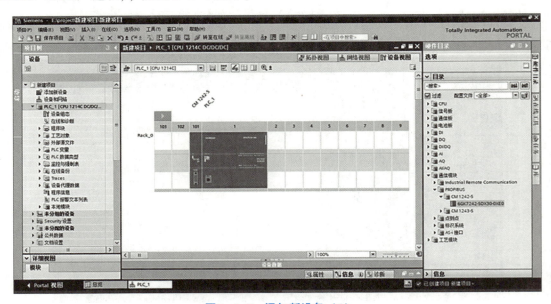

图 1-2-7　添加新设备（1）

添加数字量信号模块（在"硬件目录"选项卡中单击"DI/DQ"→"DI 8×24VDC/DQ 8×Relay"→"6ES7 223-1PH32-0XB0"选项），如图1-2-8所示。

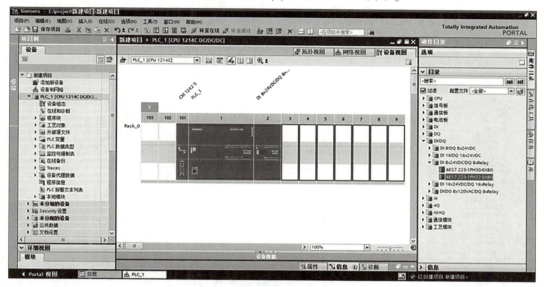

图1-2-8　添加新设备（2）

添加模拟量信号模块（在"硬件目录"选项卡中单击"AI/AQ"→"AI 4×13 BIT/AQ 2×14BIT"→"6ES7 234-4HE32-0XB0"选项），如图1-2-9所示。

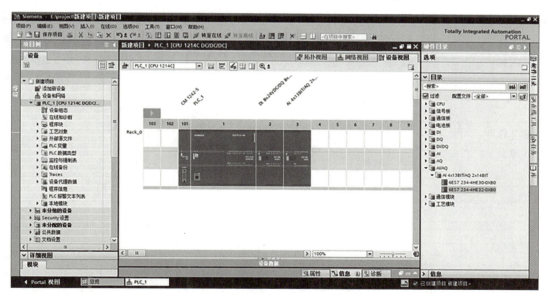

图1-2-9　添加新设备（3）

在项目树中，选择"PLC_1［CPU 1214C DC/DC/DC］"→"程序块"选项，双击"Main［OB1］"选项，进入程序编辑器，可以进行程序的编写。在程序编辑器的右侧，通过"指令"任务卡可以访问需要使用的指令，这些指令按功能分为多个不同的选项区，如

PLC 控制技术

基本指令、扩展指令、工艺和通信等，如图 1-2-10 所示。还可以将常用指令放入"收藏夹"，使操作更方便。

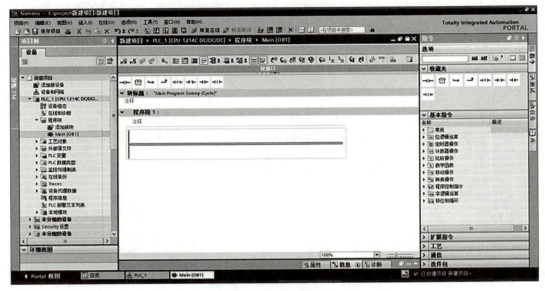

图 1-2-10 新建程序

任务评价

考核 项目	考核内容及要求	分值	学生 自评 （A）	小组 评分 （B）	教师 评分 （C）	评价得分 （A×20%+B×30%+C×50%）
安装软件 （30 分）	安装 TIA Portal V15 软件	15				
	安装 S7-PLCSIM V15 仿真软件	10				
	激活软件	5				
新建项目 （40 分）	添加 CPU 模块	10				
	添加通信模块	10				
	添加数字量信号模块	10				
	添加模拟量信号模块	10				
团队合作 （8 分）	沟通能力	3				
	协调能力	3				
	组织能力	2				

续表

考核项目	考核内容及要求	分值	学生自评(A)	小组评分(B)	教师评分(C)	评价得分(A×20%+B×30%+C×50%)
安全文明生产(9分)	遵守纪律	3				
	安全用电	3				
	工具使用	3				
完成时间(3分)	安装软件	2				
	新建项目	1				
其他评价(10分)	课堂互动	5				
	进阶扩展	5				
总分						

项目小结

本项目主要讲解了西门子S7-1200 PLC的功能特点，如何识别其硬件结构型号及其接线方法，TIA博途软件的安装注意事项，TIA软件项目创建的方式、添加设备等基本操作。

巩固练习

1. S7-1200 PLC的硬件主要由哪些部件组成？
2. PLC的工作过程有哪几个阶段？
3. 怎样设置才能在打开博途时用项目视图自动打开最近的项目？
4. 硬件组态有什么任务？
5. PLC控制系统与继电接触器控制系统在运行方式上有何不同？
6. 在TIA Portal软件中完成一个自动化控制系统的建立与运行需要哪些基本步骤？
7. 符号寻址有什么优点？STEP 7中可以定义哪两类变量符号？

项目二　基本逻辑指令应用

项目引入

S7-1200 PLC 编程指令包括基本指令、扩展指令、工艺及通信等，本项目主要围绕基本指令中的位逻辑指令、定时器指令、计数器指令，通过三个任务介绍如何用 PLC 实现电动机的点动、连续运行、正反转控制和单按钮多电动机启停控制。

学习目标

■ 知识目标
- 掌握输入、输出的概念，能够列出 I/O 地址分配表；
- 掌握 PLC 的控制过程，能够绘制 PLC 外部接线图；
- 掌握 PLC 基本指令的功能和用法。

■ 能力目标
- 能够完成 PLC 基本逻辑指令的程序编写；（1+X 技能）
- 能够对 PLC 的 I/O 口进行接线调试；（1+X 技能）
- 能够完成 PLC 程序的调试。（1+X 技能）

■ 素质目标
- 通过对定时器的学习培养学生珍惜时光的意识；
- 通过接线调试培养学生善于发现问题、解决问题的习惯。

任务 1　电动机正转控制

任务导入

如何使用 S7-1200 PLC 实现水果分拣机正向传输控制？

任务分析

水果分拣机的运行主要靠电动机运动,因此分拣机正向传输运动主要是用 S7-1200 PLC 对电动机实现点动控制和正转连续运行控制。

知识链接

一、指令概述

位逻辑指令是 PLC 编程中最基本、使用最频繁的指令。西门子 S7-1200 PLC 中的位逻辑指令按不同的功能,可以分为触点指令、线圈指令、置位/复位指令、上升沿/下降沿指令。

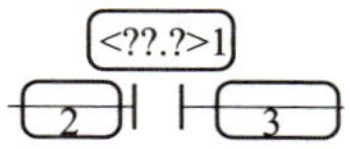

S7-1200 大部分位逻辑指令结构如图 2-1-1 所示,其中①为操作数,②为能流输入信号,③为能流输出信号。当能流输入信号为"1"时,该指令被激活。

图 2-1-1 位逻辑指令结构

二、指令说明

1. 常开触点与常闭触点

常开触点:当操作数的信号状态为"1"时,常开触点闭合,输出的信号状态置位为"1"。当操作数的信号状态为"0"时,常开触点断开,输出的信号状态复位为"0"。

常闭触点:当操作数的信号状态为"1"时,常闭触点断开,输出的信号状态复位为"0"。当操作数的信号状态为"0"时,不会启用常闭触点,常闭触点闭合,输入的信号状态传输到输出为"1"。

两个触点串联将进行"与"运算,两个触点并联将进行"或"运算。

2. 取反

RLO 是逻辑运算结果的简称,使用"取反 RLO"指令,可对逻辑运算结果(RLO)的信号状态进行取反。如果该指令输入的信号状态为"1",则指令输出的信号状态为"0"。如果该指令输入的信号状态为"0",则输出的信号状态为"1"。

3. 赋值与赋值取反指令

线圈对应于赋值指令,可以使用"赋值"指令来置位指定操作数的位。如果线圈输入的逻辑运算结果(RLO)的信号状态为"1",则将指定操作数的信号状态置位为"1"。如果线圈输入的信号状态为"0",则指定操作数的位将复位为"0"。

"赋值取反"指令可将逻辑运算的结果(RLO)进行取反,然后将其赋值给指定操作数。线圈输入的 RLO 为"1"时,操作数的信号状态复位为"0"。线圈输入的 RLO 为"0"时,将操作数的信号状态置位为"1"。

以图 2-1-2 程序为例,程序中包含两个常开触点(I0.0 和 I0.1)并联,再与一个常闭触点(I0.2)串联,线圈指令(Q0.0)作为程序的输出。当 I0.0 或 I0.1 信号状态为"1",且 I0.2 的信号状态为"0"时,Q0.0 为"1"状态。如果 I0.2 的信号状态为"1"时,不管 I0.0 和 I0.1 的信号状态为什么,Q0.0 均为"0"状态。

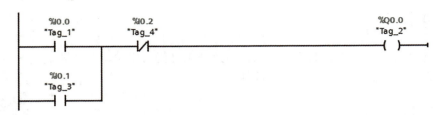

图 2-1-2 触点指令和线圈指令示例

4. 置位/复位指令

S（Set，置位输出）、R（Reset，复位输出）指令分别将指定的位操作数进行置位和复位。

使用"置位"指令可以将指定操作数的信号状态置位为"1"（变为"1"状态并一直保持）。

只有在当前的逻辑运算结果（RLO）为"1"时，才执行该指令。执行该指令后，指定操作数将置位为"1"。如果当前 RLO 为"0"，则指定操作数的信号状态保持不变。

使用"复位"指令可以将指定操作数的信号状态复位为"0"（变为"0"状态并一直保持）。

只有在当前的逻辑运算结果（RLO）为"1"时，才执行该指令。执行该指令后，指定操作数将复位为"0"。如果当前 RLO 为"0"，则指定操作数的信号状态保持不变。

如果同一操作数的 S 线圈和 R 线圈同时断电，指定操作数的信号状态不变。

5. 置位位域指令与复位位域指令

SET_BF（置位位域）指令将指定的地址开始的连续的若干个位地址置位，RESET_BF（复位位域）指令将指定的地址开始的连续的若干个位地址复位。

以图 2-1-3 程序为例，Q0.0 的状态是置位指令和复位指令配套使用，当 I0.0 的信号状态为"1"时，Q0.0 的状态置位为"1"，直到 I0.1 的状态为"1"时，Q0.0 才复位为"0"状态，其时序图如图 2-1-4 所示。

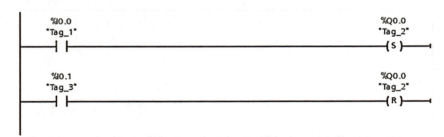

图 2-1-3 置位/复位指令示例

图 2-1-4 时序图

6. 边沿指令

在该指令上方的操作数占位符中,指定要查询的操作数(<操作数1>);在该指令下方的操作数占位符中,指定边沿存储位(<操作数2>)。边沿指令结构如图2-1-5所示,其中①为操作数1,②为操作数2。

图 2-1-5 边沿指令结构

中间有 P 的触点指令的名称为"扫描操作数的信号上升沿",中间有 N 的触点指令的名称为"扫描操作数的信号下降沿"。

"在信号上升沿置位操作数"指令在逻辑运算结果(RLO)从"0"变为"1"时置位指定操作数(<操作数1>)。该指令将当前 RLO 与保存在边沿存储位中(<操作数2>)上次查询的 RLO 进行比较。如果该指令检测到 RLO 从"0"变为"1",则说明出现了一个信号上升沿。

每次执行指令时,都会查询信号上升沿。检测到信号上升沿时,<操作数1>的信号状态将在一个程序周期内保持置位为"1"。在其他任何情况下,操作数的信号状态均为"0"。

"扫描操作数的信号下降沿"指令可以确定所指定操作数(<操作数1>)的信号状态是否从"1"变为"0"。该指令将比较<操作数1>的当前信号状态与上一次扫描的信号状态,上一次扫描的信号状态保存在边沿存储器位<操作数2>中。如果该指令检测到逻辑运算结果(RLO)从"1"变为"0",则说明出现了一个下降沿。

每次执行指令时,都会查询信号下降沿。检测到信号下降沿时,<操作数1>的信号状态将在一个程序周期内保持置位为"1"。在其他任何情况下,操作数的信号状态均为"0"。

以图2-1-6程序为例,当检测到 I0.0 信号上升沿时,Q0.0 将在一个程序周期内保持置位为"1",其他任何情况下,Q0.0 的状态均为"0"。当检测到 I0.0 信号下降沿时,Q0.1 将在一个程序周期内保持置位为"1",其他任何情况下,Q0.0 的信号状态均为"0"。其时序图如图2-1-7所示。

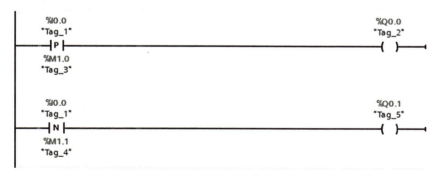

图 2-1-6 边沿指令示例

图 2-1-7 时序图

表 2-1-1 列出了常用位逻辑指令及其说明。

表 2-1-1　位逻辑指令及其说明

指令	说明	指令	说明
─┤├─	常开触点	SR	置位/复位触发器
─┤/├─	常闭触点	RS	复位/置位触发器
─┤NOT├─	取反	─┤P├─	扫描操作数的信号上升沿
─( )─	线圈	─┤N├─	扫描操作数的信号下降沿
─(/)─	赋值取反	─(P)─	在信号上升沿置位操作数
─(S)─	置位输出	─(N)─	在信号下降沿置位操作数
─(R)─	复位输出	P_TRIG	扫描 RLO 的信号上升沿
─(SET_BF)─	置位位域	N_TRIG	扫描 RLO 的信号下降沿
─(RESET_BF)─	复位位域		

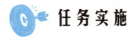

任务实施

一、电动机点动控制

1. 任务名称
该任务名称为电动机点动控制。

2. 任务描述
按下按钮 SB，电动机转动，松开按钮 SB，电动机停止转动。

3. 列出 I/O 地址分配表
在 PLC 控制系统中，确定 PLC 的输入和输出元件尤为重要，那么如何区分输入元件和输出元件呢？发出指令的元件可看作 PLC 的输入，如按钮、开关等元件。执行动作的元件可看作 PLC 的输出，如交流接触器、指示灯等元件。根据本任务要求，发出指令的元件是按钮 SB，则 SB 为 PLC 的输入元件；通过交流接触器 KM 的线圈得电或失电，其主触点闭合或断开，从而使得电动机运行或停止，则执行元件为交流接触器 KM 的线圈，因此交流接触器 KM 线圈为 PLC 的输出元件。根据上述分析，电动机点动运行的 PLC 控制 I/O 地址分配表如表 2-1-2 所示。

表 2-1-2　电动机点动运行的 PLC 控制 I/O 地址分配表

输入（I）		输出（Q）	
输入继电器	元件	输出继电器	元件
I0.0	按钮 SB	Q0.0	交流接触器 KM 线圈

4. 绘制 S7-1200 PLC 接线图

PLC 控制过程如图 2-1-8 所示，输入与输出为两个独立的回路，输入电路由输入元件、输入继电器、输入电源构成一个回路，输入继电器通过输入元件的闭合或断开获取并存储相应的"1"或"0"状态。输出电路中，由输出继电器、输出元件、输出电源构成一个回路，输出继电器根据梯形图程序的输出结果为"1"或"0"的状态，在回路以开关的形式闭合或断开，从而使输出元件得电或失电，进行相应的动作。

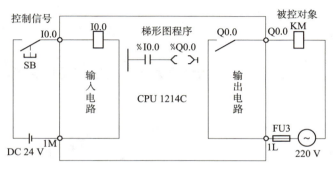

图 2-1-8　PLC 控制过程

通过对 PLC 控制过程的分析，可绘制出 PLC 接线图（以 CPU 1214C DC/AC/RLY 型 S7-1200 PLC 为例），如图 2-1-9 所示。

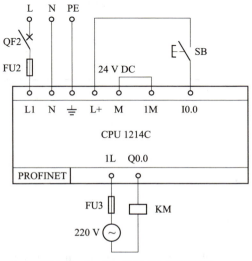

图 2-1-9　S7-1200 PLC 接线图

5. 完成 PLC 变量表

在博途软件中将输入和输出添加到 PLC 变量表中，如图 2-1-10、图 2-1-11 所示。

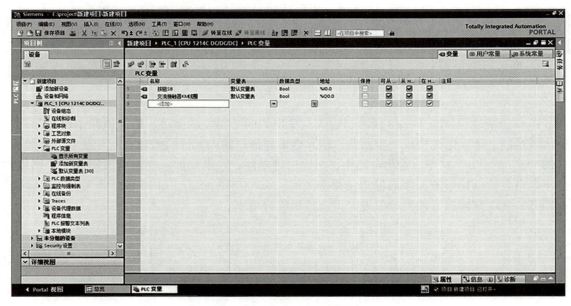

图 2-1-10　添加 PLC 变量界面

PLC 变量				
	名称	变量表	数据类型	地址
1	按钮SB	默认变量表	Bool	%I0.0
2	交流接触器KM线圈	默认变量表	Bool	%Q0.0

图 2-1-11　PLC 变量表

6. 编写程序

根据任务要求，可写出梯形图程序，如图 2-1-12 所示。

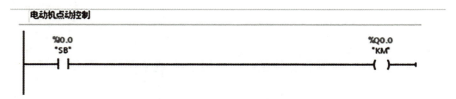

图 2-1-12　电动机点动控制梯形图

二、电动机正向连续运行控制

1. 任务名称

该任务名称为电动机正向连续运行控制。

2. 任务描述

按下正向启动按钮 SB1，电动机持续正转，按下停止按钮 SB2，电动机停止转动。

3. 列出 I/O 分配表

分析输入元件和输出元件，可列 S7-1200 PLC 控制 I/O 地址分配表，如表 2-1-3 所示。

表 2-1-3　电动机正向连续运行的 PLC 控制 I/O 地址分配表

输入（I）		输出（Q）	
输入继电器	元件	输出继电器	元件
I0.0	正向启动按钮 SB1	Q0.0	正向交流接触器线圈 KM1
I0.1	停止按钮 SB2		

4. 绘制接线图

根据 I/O 分配表，可绘制 S7-1200 PLC 接线图如图 2-1-13 所示。

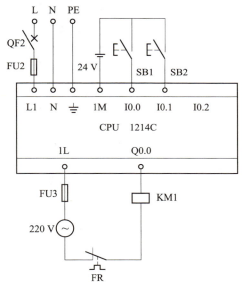

图 2-1-13　S7-1200 PLC 接线图

5. 完成 PLC 变量表

完成 PLC 变量表，如图 2-1-14 所示。

	名称	变量表	数据类型	地址
	SB1	默认变量表	Bool	%I0.0
	SB2	默认变量表	Bool	%I0.1
	KM1	默认变量表	Bool	%Q0.0

图 2-1-14　PLC 变量表

6. 编写程序

电动机正向连续运行控制梯形图如图 2-1-15 所示。

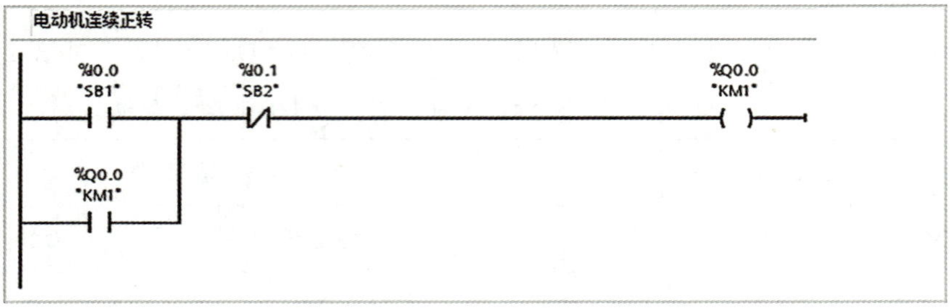

图 2-1-15　电动机正向连续运行控制梯形图

任务评价

考核项目	考核内容及要求	分值	学生自评（A）	小组评分（B）	教师评分（C）	评价得分（A×20%+B×30%+C×50%）
线路制作（20分）	知识点	10				
	I/O 端口分配表	5				
	外围线路制作	5				
程序设计（25分）	知识点	5				
	梯形图程序	10				
	程序调试	10				
调试与维护（25分）	系统调试	10				
	系统运行效果	5				
	故障分析与处理	10				
团队合作（8分）	沟通能力	3				
	协调能力	3				
	组织能力	2				
安全文明生产（9分）	遵守纪律	3				
	安全用电	3				
	工具使用	3				
完成时间（3分）	线路制作	1				
	软件编程	1				
	系统调试	1				
其他评价（10分）	课堂互动	5				
	进阶扩展	5				
总分						

任务 2　电动机正反转控制

任务导入

目前工业上生产零件的刨床是必不可少的加工机械，那么刨床是如何来回运动加工零件的呢？其实就是靠电动机正反转来回运动来实现的。

任务分析

使用 S7-1200 PLC 实现电动机正反转的控制。电动机正转和反转交替进行，按下启动按钮，电动机正转 10 s，然后停止 3 s 后进行反转，反转 10 s 后停止 3 s 再进行正转，如此循环。

知识链接

定时器结构如图 2-2-1 所示，输入 IN 为启动输入端，Q 为定时器的位输出，PT 为预设延时时间值（Preset Time），ET 为定时开始后经过的当前时间值（Elapsed Time）。它们的数据类型为 32 位的 Time，默认单位为 ms，各参数均可以使用 I（仅用于输入参数）、Q、M、D、L 存储区，PT 可以使用常量。定时器指令可以放在程序段中间，也可以放在程序段末尾。

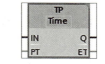

图 2-2-1　定时器结构

一、脉冲定时器

1. 指令概述

使用"脉冲定时器"指令可启动将指定持续时间作为脉冲的 IEC 定时器。逻辑运算结果（RLO）从"0"变为"1"（信号上升沿）时，将启动 IEC 定时器。之后无论 RLO 的状态如何更改，IEC 定时器都会运行一段指定的时间。IEC 定时器是否超时不受所检测到的新上升沿影响。只要 IEC 定时器在运行，对定时器状态是否为"1"的查询都会返回信号状态"1"。当 IEC 定时器计时结束之后，定时器的状态将返回信号状态"0"。脉冲定时器示例如图 2-2-2 所示。

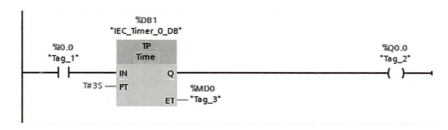

图 2-2-2　脉冲定时器示例

2. 指令说明

脉冲定时器 TP 用于将输出 Q 置位为 PT 预设的一段时间。当 IN 输入信号为上升沿时启动该指令，Q 输出由"0"变为"1"状态，开始输出脉冲，ET 从 0 ms 开始计时不断增加，直到等于 PT 预设值时，Q 输出由"1"变为"0"状态。如果 IN 输入信号为"1"状态，则当前时间值保持不变（见图 2-2-3 所示的 T_1 时间段波形）。如果 IN 输入信号为"0"状态，则当前时间变为 0 ms，且 IN 输入的脉冲宽度可以小于 PT 预设值，在脉冲输出期间，即使 IN 输入出现下降沿和上升沿，也不会影响脉冲的输出（见图 2-2-3 所示的 T_2 时间段波形）。

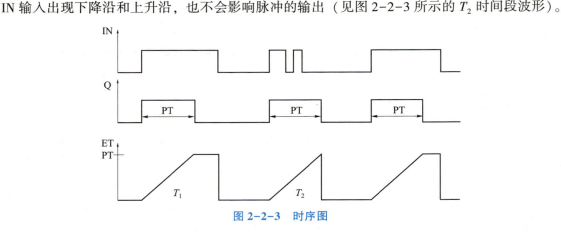

图 2-2-3 时序图

二、接通延时定时器

1. 指令概述

使用"接通延时定时器"指令可启动将指定周期作为接通延时的 IEC 定时器。逻辑运算结果（RLO）从"0"变为"1"（信号上升沿）时，将启动 IEC 定时器，IEC 定时器运行指定的一段时间。如果该指令输入处 RLO 的信号状态为"1"，则输出的信号状态将为"1"。如果在定时器计时结束之前 RLO 变为"0"，则将复位 IEC 定时器，对定时器状态"1"的查询将返回信号状态"0"。当该指令的输入检测到下一个上升沿时，将重新启动 IEC 定时器。接通延时定时器示例如图 2-2-4 所示。

TON 定时器

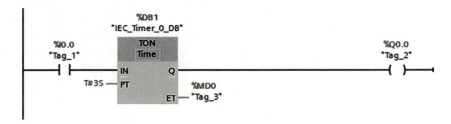

图 2-2-4 接通延时定时器示例

2. 指令说明

接通延时定时器 TON 用于将 Q 输出的置位操作，延时参数 PT 指定的一段时间。IN 输入为上升沿时开始计时，当 ET 大于等于 PT 时，输出 Q 变为"1"状态，ET 保持不变（见图 2-2-5 所示的 T_1 时间段波形）。如果 IN 输入信号通电时长没有达到 PT 预设值时间，输出 Q 保持"0"状态不变（见图 2-2-5 所示的 T_2 时间段波形）。当 IN 输入断开时，定时器被复位，当前时间被清零，输出 Q 变为"0"状态。

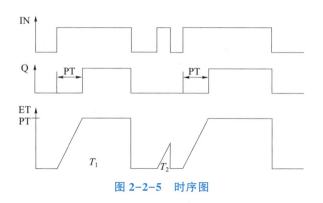

图 2-2-5 时序图

三、关断延时定时器

TOF 定时器

1. 指令概述

使用"关断延时定时器"指令可启动将指定持续时间作为关断延时的 IEC 定时器。如果指令输入逻辑运算结果（RLO）的信号状态为"1"，则对定时器状态"0"的查询将返回信号状态"1"。如果 RLO 从"1"变为"0"（信号下降沿），则 IEC 定时器将持续运行指定的一段时间。只要 IEC 定时器在运行，则定时器状态的信号状态将保持为"1"。定时器计时结束且指令输入 RLO 的信号状态为"0"时，定时器状态的信号状态将设置为"0"。如果在定时器计时结束之前 RLO 变为"1"，则运行的 IEC 定时器将复位且定时器状态的信号状态仍为"1"。关断延时定时器示例如图 2-2-6 所示。

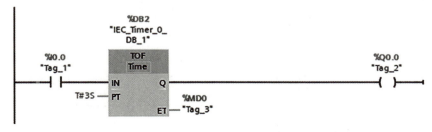

图 2-2-6 关断延时定时器示例

2. 指令说明

关断延时定时器（TOF）用于将 Q 输出的复位操作，延时参数 PT 指定的一段时间。IN 输入信号接通时，输出 Q 为"1"状态，当前时间被清零。IN 输入信号为下降沿时开始计时，ET 从 0 ms 逐渐增加，当 ET 等于 PT 时，输出 Q 由"1"变为"0"状态，当前时间保持不变（见图 2-2-7 所示的 T_1 时间段波形）。如果 IN 输入信号断开时间没有 PT 设置值长，即 ET 小于 PT，IN 输入信号就由"0"变为"1"状态，则 ET 被清零，输出 Q 保持"1"状态不变（见图 2-2-7 所示的 T_2 时间段波形）。

这里需要注意的是如果用复位线圈 RT 对关断延时定时器进行复位时，当 IN 输入信号为"0"状态时，定时器被复位，ET 被清零，输出 Q 变为"0"状态；当 IN 输入信号为"1"状态时，复位信号不起作用。

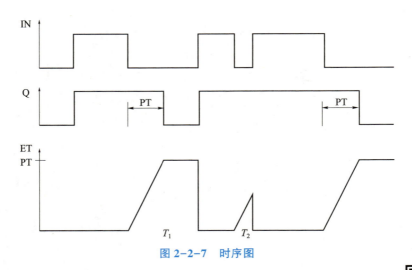

图 2-2-7 时序图

四、时间累加器

1. 指令概述

使用"时间累加器"指令记录指令输入的信号状态"1"的时间长度。当逻辑运算结果（RLO）从"0"变为"1"时（信号上升沿），启动该指令。只要 RLO 为"1"，就记录该时间。如果 RLO 变为"0"，则该指令暂停。如果 RLO 更改回"1"，则继续记录时间。如果记录的时间超过指定的持续时间且线圈输入的 RLO 为"1"时，则对定时器状态"1"的查询将返回信号状态"1"。时间累加器示例如图 2-2-8 所示。

TON 与 TOF 仿真对比

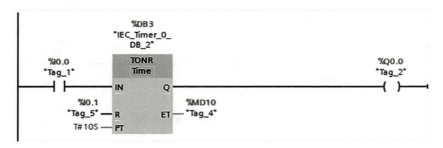

图 2-2-8 时间累加器示例

以上四种定时器均可以使用 RT（复位定时器）指令将定时器状态和当前到期的定时器复位为"0"。

2. 指令说明

时间累加器 TONR 可以用来累计输入信号接通的若干个时间段。IN 输入信号接通时开始计时，输入信号断开时，时间可以累加，累计的当前时间 ET 值保持不变。如图 2-2-9 所示，当三个时间段累计时间 $T_1+T_2+T_3$ 等于 PT 预设值时，Q 输出由"0"变为"1"状态，当前时间保持不变。

R 为复位输入，当 R 接通为"1"状态时，无论 IN 输入信号为"1"或者为"0"状态，TONR 都被复位，ET 被清零，输出 Q 由"1"变为"0"状态。

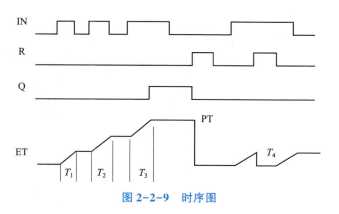

图 2-2-9 时序图

任务实施

1. 列出 I/O 地址分配表

列出 I/O 地址分配表如表 2-2-1 所示。

表 2-2-1 电动机正反转的 PLC 控制 I/O 地址分配表

输入（I）		输出（Q）	
输入继电器	元件	输出继电器	元件
I0.0	启动按钮 SB1	Q0.0	正向交流接触器线圈 KM1
I0.1	停止按钮 SB2	Q0.1	反向交流接触器线圈 KM2

2. 绘制接线图

根据 I/O 地址分配表，可绘制 S7-1200 PLC 接线图如图 2-2-10 所示。

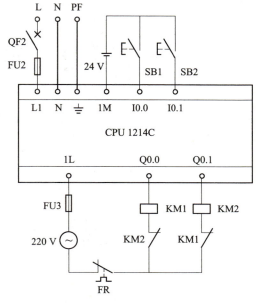

图 2-2-10 S7-1200 PLC 接线图

3. 完成 PLC 变量表

完成 PLC 变量表，如图 2-2-11 所示。

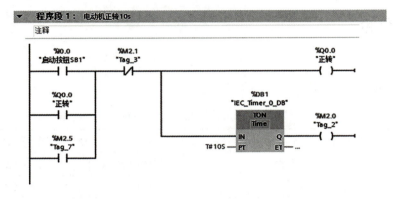

图 2-2-11　PLC 变量表

4. 编写程序

电动机正反转控制梯形图如图 2-2-12 所示。

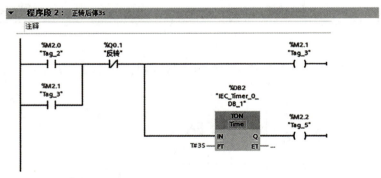

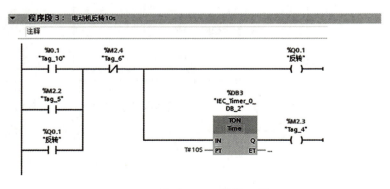

图 2-2-12　电动机正反转控制梯形图

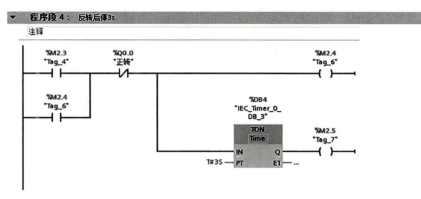

图 2-2-12　电动机正反转控制梯形图（续）

任务评价

考核项目	考核内容及要求	分值	学生自评（A）	小组评分（B）	教师评分（C）	评价得分（A×20%+B×30%+C×50%）
线路制作（20分）	知识点	10				
	I/O 地址分配表	5				
	外围线路制作	5				
程序设计（25分）	知识点	5				
	梯形图程序	10				
	程序调试	10				
调试与维护（25分）	系统调试	10				
	系统运行效果	5				
	故障分析与处理	10				
团队合作（8分）	沟通能力	3				
	协调能力	3				
	组织能力	2				
安全文明生产（9分）	遵守纪律	3				
	安全用电	3				
	工具使用	3				
完成时间（3分）	线路制作	1				
	软件编程	1				
	系统调试	1				
其他评价（10分）	课堂互动	5				
	进阶扩展	5				
总分						

任务 3 单按钮多电动机启停控制

任务导入

利用一个按钮实现多个功能的控制。

任务分析

使用 S7-1200 PLC 实现单按钮多电动机启停控制。单按一次则电动机 1 启动,再按一次则电动机 2 启动,再按一次则两电动机停。

知识链接

S7-1200 PLC 的计数器分为加计数器(CTU)、减计数器(CTD)、加减计数器(CTUD)。

CU 和 CD 分别是加计数输入和减计数输入,PV 为预设计数值,CV 为当前计数值,R 为复位输入,LD 为加载计数值,Q 为输出。CU、CD、R、Q 数据类型均为 Bool 变量,PV 为整数型变量,CV 可以为整数、Char、WChar、Date 几种类型变量,PV 和 CV 变量可以用 I(仅用于输入)、Q、M、D、L、P 存储区存储,PV 还可以用常数。

图 2-3-1 所示为 CTUD 计数器结构图。

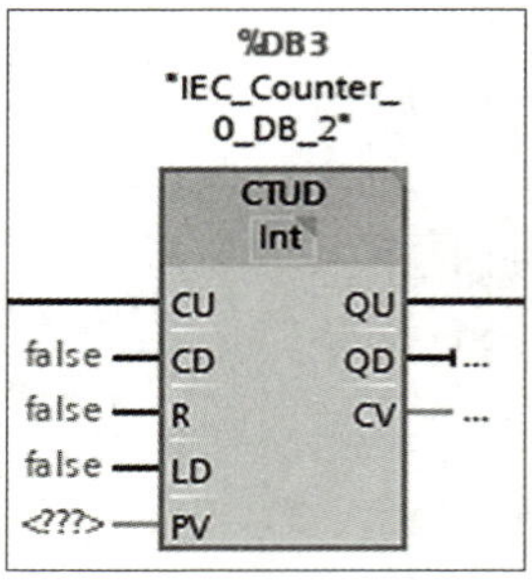

图 2-3-1 CTUD 计数器结构图

一、加计数器指令

可以使用"加计数"指令递增输出 CV 的值。如果输入 CU 的信号状态从"0"变为"1"(信号上升沿),则执行该指令,同时输出 CV 的当前计数器值加 1。每检测到一个信号上升沿,计数器值就会递增,直到达到输出 CV 中所指定数据类型的上限。达到上限时,输入 CU 的信号状态将不再影响该指令。

加计数器

输出 Q 的信号状态由参数 PV 决定。如果当前计数器值 CV 大于或等于 PV 值,则将输出 Q 的信号状态置位为"1"。在其他任何情况下,输出 Q 的信号状态均为"0"。

输入 R 的信号状态变为"1"时,输出 CV 的值被复位为"0"。只要输入 R 的信号状态仍为"1",输入 CU 的信号状态就不会影响该指令。

图 2-3-2 所示为加计数器指令示例,其时序图如图 2-3-3 所示。

二、减计数器指令

可以使用"减计数"指令递减输出 CV 的值。如果输入 CD 的信号状态从"0"变为"1"(信号上升沿),则执行该指令,同时输出 CV 的当前计数器值减 1。每检测到一个信号上升沿,计数器值就会递减 1,直到达到指定数据类型的下限为止。达到下限时,输入 CD 的信号状态将不再影响该指令。

减计数器

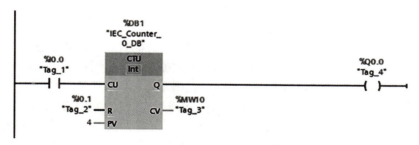

图 2-3-2 加计数器指令示例

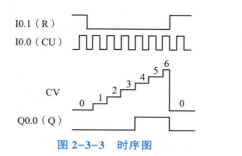

图 2-3-3 时序图

如果当前计数器值小于或等于 0，则 Q 输出的信号状态将置位为"1"。在其他任何情况下，输出 Q 的信号状态均为"0"。

输入 LD 的信号状态变为"1"时，将输出 CV 的值设置为参数 PV 的值。只要输入 LD 的信号状态仍为"1"，输入 CD 的信号状态就不会影响该指令。

图 2-3-4 所示为减计数器指令示例，其时序图如图 2-3-5 所示。

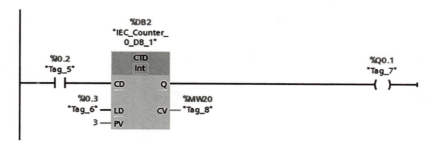

图 2-3-4 减计数器指令示例

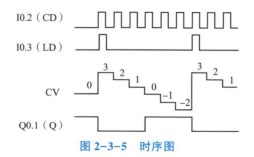

图 2-3-5 时序图

加减计数器对比仿真

三、加减计数器指令

可以使用"加减计数"指令，递增和递减输出 CV 的计数器值。如果输入 CU 的信号状态从"0"变为"1"（信号上升沿），则当前计数器值加 1 并存储在输出 CV 中。如果输入 CD 的信号状态从"0"变为"1"（信号上升沿），则输出 CV 的计数器值减 1。如果在一个程序周期内，输入 CU 和 CD 都出现信号上升沿，则输出 CV 的当前计数器值保持不变。

计数器值可以一直递增，直到其达到输出 CV 处指定数据类型的上限。达到上限后，即使出现信号上升沿，计数器值不再递增。达到指定数据类型的下限后，计数器值不再递减。

输入 LD 的信号状态变为"1"时，将输出 CV 的计数器值加载为 PV 值。只要输入 LD 的信号状态仍为"1"，输入 CU 和 CD 的信号状态就不会影响该指令。

当输入 R 的信号状态变为"1"时，将计数器值置位为"0"。只要输入 R 的信号状态仍为"1"，输入 CU、CD 和 LD 信号状态的改变就不会影响"加减计数"指令。

QU 为加计数器的输出。如果当前计数器值 CV 大于或等于参数 PV 的值，则将输出 QU 的信号状态置位为"1"。在其他任何情况下，输出 QU 的信号状态均为"0"。

QD 为减计数器的输出。如果当前计数器值 CV 小于或等于 0，则 QD 输出的信号状态将置位为"1"。在其他任何情况下，输出 QD 的信号状态均为"0"。

加减计数器指令示例如图 2-3-6 所示，其时序图如图 2-3-7 所示。

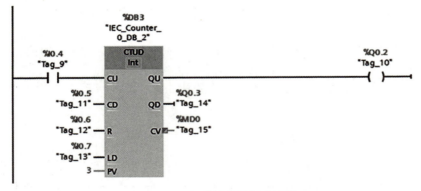

图 2-3-6　加减计数器指令示例

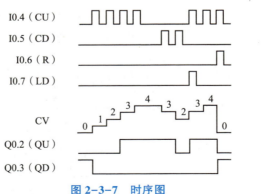

图 2-3-7　时序图

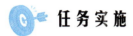任务实施

1. 列出 I/O 地址分配表。

单按钮多电动机启停的 PLC 控制 I/O 地址分配表如表 2-3-1 所示。

表 2-3-1 单按钮多电动机启停的 PLC 控制 I/O 地址分配表

输入（I）		输出（Q）	
输入继电器	元件	输出继电器	元件
I0.0	启动按钮 SB1	Q0.0	交流接触器线圈 KM1
I0.1	停止按钮 SB2	Q0.1	交流接触器线圈 KM2

2. 绘制接线图

根据 I/O 地址分配表，可绘制 S7-1200 PLC 接线图如图 2-3-8 所示。

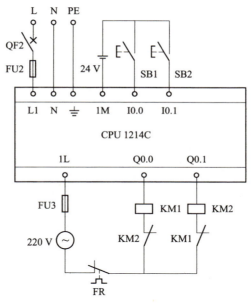

图 2-3-8　S7-1200 PLC 接线图

3. 完成 PLC 变量表

完成 PLC 变量表，如图 2-3-9 所示。

	名称	变量表	数据类型	地址
1	启动按钮	默认变量表	Bool	%I0.0
2	停止按钮	默认变量表	Bool	%I0.1
3	KM1	默认变量表	Bool	%Q0.0
4	KM2	默认变量表	Bool	%Q0.1
5	Tag_1	默认变量表	Bool	%M0.0
6	Tag_6	默认变量表	Int	%MW10

图 2-3-9　PLC 变量表

4. 编写程序

电动机正反转控制梯形图如图 2-3-10 所示。程序段 1 通过计数器指令设计，按下启动按钮 SB1 的次数决定对应电动机的启动顺序。程序段 2 为电动机 1 启动，程序段 3 为电动机 2 启动，程序段 4 是复位计数器的条件，其中 M11.0 和 M11.1 是计数器当前值 CV 存储区里的位地址（M11.0 是 MW10 的最低位）。

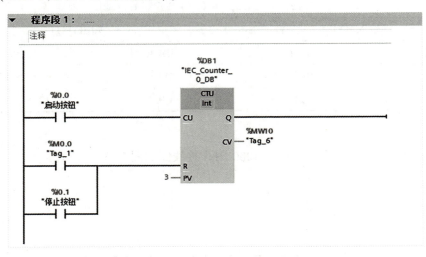

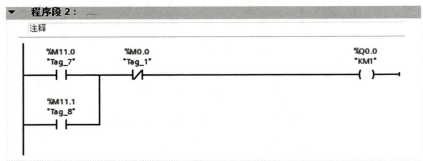

图 2-3-10 电动机正反转控制梯形图

任务评价

考核项目	考核内容及要求	分值	学生自评（A）	小组评分（B）	教师评分（C）	评价得分（A×20%+B×30%+C×50%）
线路制作（20分）	知识点	10				
	I/O 地址分配表	5				
	外围线路制作	5				
程序设计（25分）	知识点	5				
	梯形图程序	10				
	程序调试	10				
调试与维护（25分）	系统调试	10				
	系统运行效果	5				
	故障分析与处理	10				
团队合作（8分）	沟通能力	3				
	协调能力	3				
	组织能力	2				
安全文明生产（9分）	遵守纪律	3				
	安全用电	3				
	工具使用	3				
完成时间（3分）	线路制作	1				
	软件编程	1				
	系统调试	1				
其他评价（10分）	课堂互动	5				
	进阶扩展	5				
总分						

项目小结

本项目主要讲解了基本指令中的位逻辑指令、定时器指令、计数器指令，通过 PLC 实现电动机的点动、连续运行、正反转控制和单按钮多电动机启停控制三个任务，以列 I/O 地址分配表分析输入和输出，以绘制 PLC 接线图理解 PLC 控制原理及过程，以编写梯形图程序掌握基本指令的应用，锻炼编程的逻辑思维。

巩固练习

1. S7-1200 PLC 包含哪些指令？
2. S7-1200 PLC 的位逻辑指令有哪些？
3. S7-1200 PLC 有哪些定时器指令，并简述其各自的工作原理？
4. S7-1200 PLC 有哪些计数器指令，并简述其各自的工作原理？
5. 要求用3盏灯，分别为黄、绿、红灯表示地下车库车位数的显示。系统工作时如果车位大于10个时则绿灯亮，空余车位在0~10个时则黄灯亮，无空余车位时则红灯亮。请用比较指令实现。
6. 根据下面的顺序功能图补全4台电动机的顺序启动和同时停止程序。启动按钮地址为I0.0，停止按钮地址为I0.1。

项目三　功能指令应用

项目引入

在 S7-1200 PLC 中，除基本逻辑指令外，还可以使用比较、数学运算、移位和循环移位等指令，这些指令统称为功能指令。

本项目将重点介绍功能指令的使用方法和技巧，并带领读者学习如何用 PLC 实现循环彩灯、交通灯系统、流水灯、数码管显示系统等的控制功能。

学习目标

■ 知识目标
- 掌握基本功能指令及数据传送、比较指令、移位指令的用法；
- 掌握 PLC 控制系统设计的基本原则及方法；
- 掌握 PLC 的硬件结构及指令系统、编程方法。

■ 能力目标
- 能设计并绘制 PLC 控制系统硬件电路图；
- 能按 PLC 控制系统电路图熟练地进行安装和接线；
- 能够使用比较、数据传送、数据运算、数据比较指令完成程序编写；（1+X 技能）
- 会使用编程软件辅助进行 PLC 控制系统程序调试；
- 能通过观察、分析、测试确定并排出控制系统故障。

■ 素质目标
- 培养爱岗敬业、勇创一流的劳动态度和劳动精神；
- 培养"敬业""专注""精益""创新"工匠精神；
- 强化安全、规范、环保、质量意识，贯彻 7S 管理规范；
- 强化团队意识和规划意识，提升团队协作能力和信息素养。

任务 1 彩灯循环控制

任务导入

使用 S7-1200 PLC 实现一个 8 盏灯的彩灯循环控制,要求按下开始按钮后,第 1 盏灯亮,1 s 后第 2 盏灯亮,再过 1 s 后第 3 盏灯亮,按此规律直到第 8 盏灯亮;再过 1 s 后,第 1 盏灯再次亮起,如此循环。无论何时按下停止按钮,8 盏灯全部熄灭。

任务分析

数据传送指令用来完成各存储单元之间一个或多个数据的传送,传送过程中数值保持不变。根据每次传送数据的多少,可将其分为单一传送指令和数据块传送指令,无论是单一传送指令还是数据块传送指令,都有字节、字、双字和实数等几种数据类型;为了满足立即传送的要求,设有字节立即传送指令,为了方便实现在同一字内高低字节的交换,还有交换指令。

知识链接

一、指令概述

使用数据传送指令可以将数据元素复制到新的存储器地址,并从一种数据类型转换为另一种数据类型。

二、指令说明

数据传送指令说明如表 3-1-1 所示。

表 3-1-1 数据传送指令说明

指令名称	指令符号	参数	数据类型	说明
移动	MOVE EN — ENO IN ※ OUT1	EN	Bool	使能输入
		ENO	Bool	使能输出
		IN	SInt/Int/DInt/ USInt/ UInt/ UDInt/ Real/LReal/Byte/Word/DWord/Char/ WChar/Array/Struct/DTL/Time/Date/ Tod/IEC 数据类型/PLC 数据类型	源数据
		OUT1		目的地址

续表

指令名称	指令符号	参数	数据类型	说明
移动块	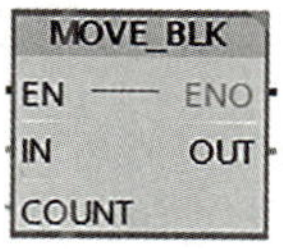 MOVE_BLK EN — ENO IN OUT COUNT	EN	Bool	使能输入
		ENO	Bool	使能输出
		IN	SInt/Int/DInt/ USInt/ UInt/ UDInt/ Real/LReal/Byte/Word/DWord/Time/Date/Tod/WChar	待复制源区域中的首个元素
		OUT		源区域内容要复制到目标区域中的首个元素
		COUNT	UInt	要从源区域移动到目标区域的元素个数
交换字节	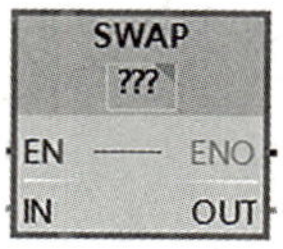 SWAP ??? EN — ENO IN OUT	EN	Bool	使能输入
		ENO	Bool	使能输出
		IN	Word/DWord	要更换其字节的操作数
		OUT		结果

任务实施

1. 列出 I/O 地址分配表

根据 PLC 输入/输出分配原则及本任务控制要求，对本任务进行 I/O 地址分配，如表 3-1-2 所示。

表 3-1-2　彩灯循环控制的 PLC 控制 I/O 地址分配表

输入		输出	
地址	元件	地址	元件
I0.0	启动按钮 SB1	Q0.0	灯 HL1
I0.1	停止按钮 SB2	Q0.1	灯 HL2
		Q0.2	灯 HL3
		Q0.3	灯 HL4
		Q0.4	灯 HL5
		Q0.5	灯 HL6
		Q0.6	灯 HL7
		Q0.7	灯 HL8

2. 绘制接线图

根据控制要求及表 3-1-2 的 I/O 地址分配表，绘制出的彩灯循环 PLC 控制电路如图 3-1-1 所示。

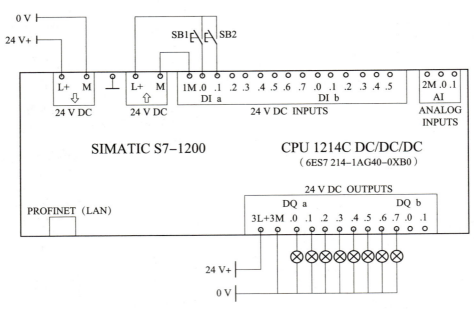

图 3-1-1　彩灯循环 PLC 控制电路

3. 创建工程项目

用鼠标双击桌面上的 Portal 软件图标，打开博途编程软件，在 Portal 视图中选择“创建新项目”选项，输入项目名称“彩灯循环 PLC 控制”，选择项目保存路径，然后单击“创建”按钮完成项目创建，并进行项目的硬件组态。

4. 编辑变量表

本任务变量表如图 3-1-2 所示。

彩灯循环PLC控制 ▸ PLC_1 [CPU 1214C DC/DC/DC] ▸ PLC 变量 ▸ 默认变量表 [38]

默认变量表

	名称	数据类型	地址	保持	可从 ...	从 H...	在 H...	注释
1	启动按钮SB1	Bool	%I0.0	☐	☑	☑	☑	
2	停止按钮SB2	Bool	%I0.1	☐	☑	☑	☑	
3	灯HL1	Bool	%Q0.0	☐	☑	☑	☑	
4	灯HL2	Bool	%Q0.1	☐	☑	☑	☑	
5	灯HL3	Bool	%Q0.2	☐	☑	☑	☑	
6	灯HL4	Bool	%Q0.3	☐	☑	☑	☑	
7	灯HL5	Bool	%Q0.4	☐	☑	☑	☑	
8	灯HL6	Bool	%Q0.5	☐	☑	☑	☑	
9	灯HL7	Bool	%Q0.6	☐	☑	☑	☑	
10	灯HL8	Bool	%Q0.7	☐	☑	☑	☑	
11	<添加>			☐	☑	☑	☑	

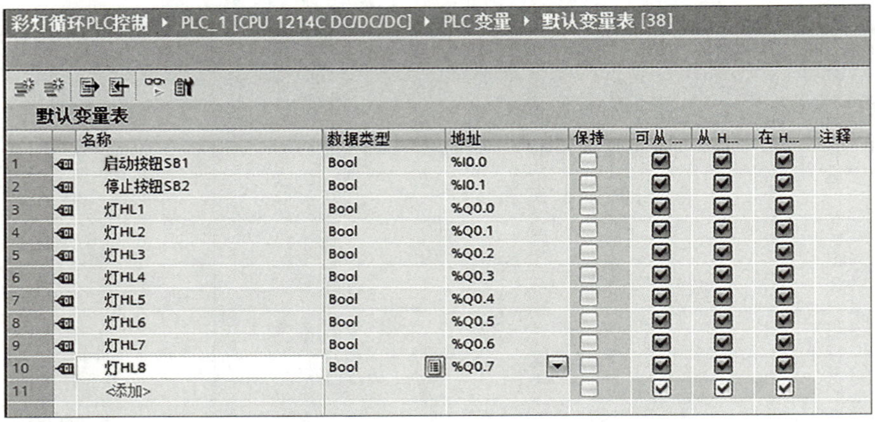

图 3-1-2　彩灯循环 PLC 控制变量表

5. 编写程序

本任务要求每 1 s 接在 QB0 端的 8 盏灯以跑马灯的形式流动。在此，时间信号由定时器产生，使用移动和比较指令编写程序，这样程序显得通俗易懂，如图 3-1-3 所示。

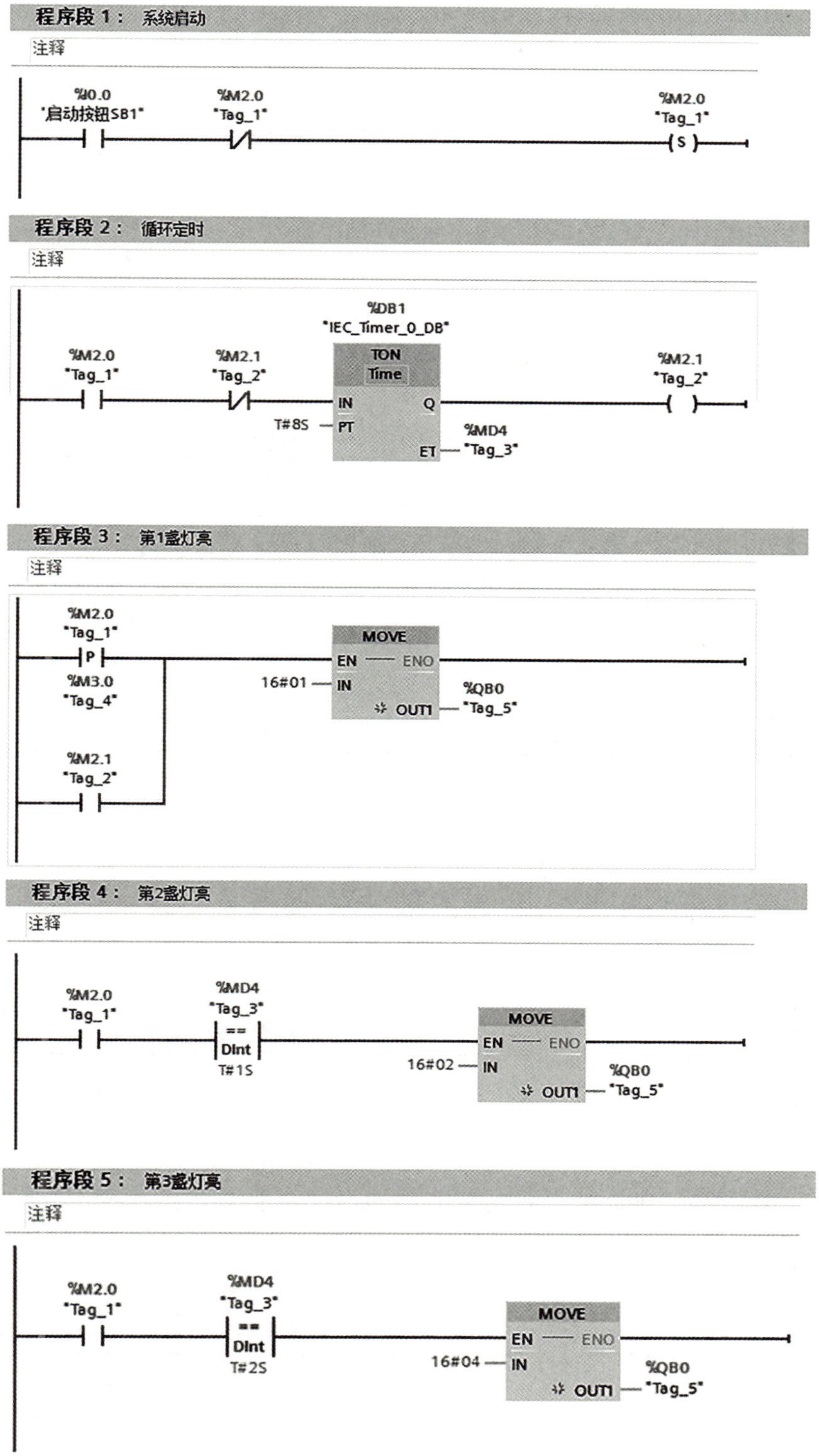

程序段 1： 系统启动
注释

```
    %I0.0          %M2.0                                    %M2.0
"启动按钮SB1"      "Tag_1"                                   "Tag_1"
    ──┤├──────────┤/├────────────────────────────────────────( S )──
```

程序段 2： 循环定时
注释

```
                            %DB1
                      "IEC_Timer_0_DB"
    %M2.0     %M2.1         TON                              %M2.1
   "Tag_1"   "Tag_2"         Time                           "Tag_2"
   ──┤├──────┤/├──────── IN        Q ─────────────────────────( )──
                  T#8S ─ PT       ET ─ %MD4
                                        "Tag_3"
```

程序段 3： 第1盏灯亮
注释

```
    %M2.0
   "Tag_1"
   ──┤P├──┬─────────────     MOVE
    %M3.0 │                 EN ── ENO
   "Tag_4"│          16#01 ─ IN
   ──┤├───┤                      ✽ OUT1 ── %QB0
    %M2.1 │                                "Tag_5"
   "Tag_2"│
   ──┤├───┘
```

程序段 4： 第2盏灯亮
注释

```
    %M2.0    %MD4
   "Tag_1"  "Tag_3"            MOVE
   ──┤├──────┤ == ├───────── EN ── ENO
              Dint
              T#1S     16#02 ─ IN
                                 ✽ OUT1 ── %QB0
                                           "Tag_5"
```

程序段 5： 第3盏灯亮
注释

```
    %M2.0    %MD4
   "Tag_1"  "Tag_3"            MOVE
   ──┤├──────┤ == ├───────── EN ── ENO
              Dint
              T#2S     16#04 ─ IN
                                 ✽ OUT1 ── %QB0
                                           "Tag_5"
```

图 3-1-3　彩灯循环 PLC 控制程序

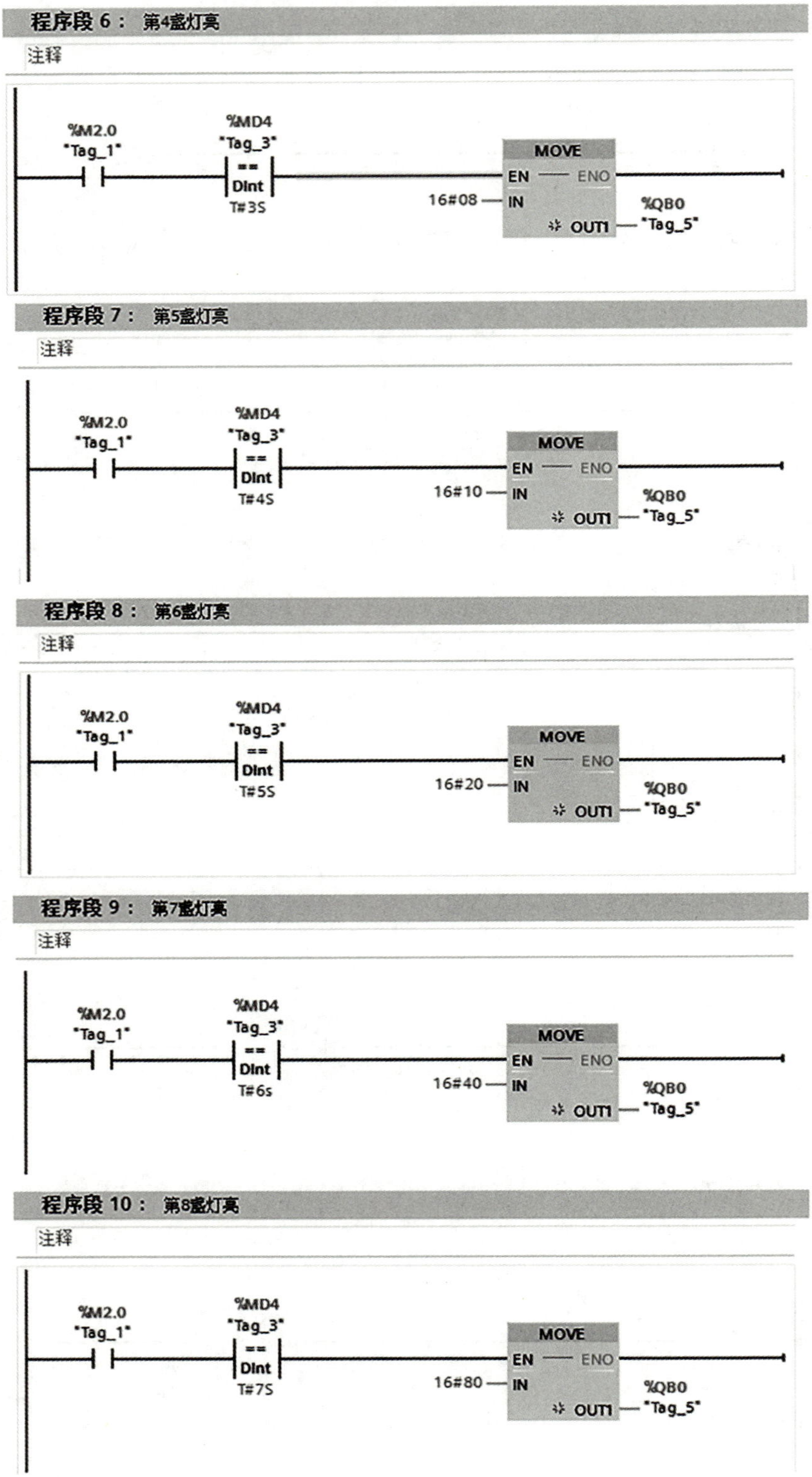

PLC 控制技术

程序段 6： 第4盏灯亮

注释

```
  %M2.0      %MD4
  "Tag_1"    "Tag_3"              MOVE
   ┤├         ══              ── EN   ENO ──
             Dint       16#08 ── IN
             T#3S                    OUT1 ── %QB0
                                            "Tag_5"
```

程序段 7： 第5盏灯亮

注释

```
  %M2.0      %MD4
  "Tag_1"    "Tag_3"              MOVE
   ┤├         ══              ── EN   ENO ──
             Dint       16#10 ── IN
             T#4S                    OUT1 ── %QB0
                                            "Tag_5"
```

程序段 8： 第6盏灯亮

注释

```
  %M2.0      %MD4
  "Tag_1"    "Tag_3"              MOVE
   ┤├         ══              ── EN   ENO ──
             Dint       16#20 ── IN
             T#5S                    OUT1 ── %QB0
                                            "Tag_5"
```

程序段 9： 第7盏灯亮

```
  %M2.0      %MD4
  "Tag_1"    "Tag_3"              MOVE
   ┤├         ══              ── EN   ENO ──
             Dint       16#40 ── IN
             T#6s                    OUT1 ── %QB0
                                            "Tag_5"
```

程序段 10： 第8盏灯亮

注释

```
  %M2.0      %MD4
  "Tag_1"    "Tag_3"              MOVE
   ┤├         ══              ── EN   ENO ──
             Dint       16#80 ── IN
             T#7S                    OUT1 ── %QB0
                                            "Tag_5"
```

图 3-1-3　彩灯循环 PLC 控制程序（续）

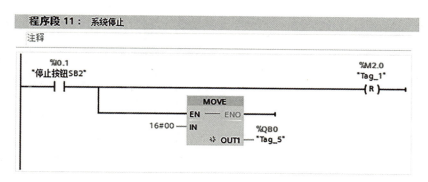

图 3-1-3　彩灯循环 PLC 控制程序（续）

6. 调试程序

线路连接好后,将调试好的用户程序下载到 CPU 中。按下启动按钮 SB1,观察 8 盏灯点亮的情况,是否按照间隔 1 s 点亮一盏灯,8 s 完成一次循环。在亮灯过程中,如果重复按下启动按钮 SB1,亮灯情况是否会受影响？但无论何时按下停止按钮 SB2,8 盏灯都应该全部熄灭。如果实验现象和控制要求一致,则本任务要求已实现。

任务评价

考核项目	考核内容及要求	分值	学生自评(A)	小组评分(B)	教师评分(C)	评价得分(A×20%+B×30%+C×50%)
线路制作(20分)	知识点	10				
	I/O 地址分配表	5				
	外围线路制作	5				
程序设计(25分)	知识点	5				
	梯形图程序	10				
	程序调试	10				
调试与维护(25分)	系统调试	10				
	系统运行效果	5				
	故障分析与处理	10				
团队合作(8分)	沟通能力	3				
	协调能力	3				
	组织能力	2				
安全文明生产(9分)	遵守纪律	3				
	安全用电	3				
	工具使用	3				

续表

考核项目	考核内容及要求	分值	学生自评(A)	小组评分(B)	教师评分(C)	评价得分(A×20%+B×30%+C×50%)
完成时间（3分）	线路制作	1				
	软件编程	1				
	系统调试	1				
其他评价（10分）	课堂互动	5				
	进阶扩展	5				
总分						

任务 2　交通灯控制

任务导入

十字路口的交通灯控制，当合上启动按钮，东西方向绿灯亮 4 s，闪烁 2 s 后熄灭，黄灯亮 2 s 后熄灭；红灯亮 8 s 后熄灭；绿灯又亮 4 s，如此循环。而对应的南北方向红灯 8 s 后灭；接着绿灯亮 4 s，闪烁 2 s 后灭，黄灯亮 2 s 后熄灭，红灯又亮，如此循环。

任务分析

本任务用定时器设置一个循环周期时间为 16 s，将启动按钮 SB1 连接至 PLC 的 I0.0，停止按钮 SB2 连接至 PLC 的 I0.1，南北、东西向的绿灯、黄灯、红灯等分别连接至 PLC 的 Q0.0～Q0.5。将十字路口交通灯东西、南北两个方向的绿灯、黄灯、红灯的点亮顺序时间与定时器的当前时间做对比，满足对比条件时，对应的线圈输出为 1，从而实现本次任务所要求的内容。

知识链接

一、指令概述

使用比较指令可以比较数据类型相同的两个数 IN1 和 IN2 的大小，它们的数据类型必须相同。

二、指令说明

比较指令说明如表 3-2-1 所示。

表 3-2-1　比较指令说明

指令名称	指令符号	参数	数据类型	说明
等于	<???> |==| ??? <???>	操作数 1	Bool/Int/Real/String/Time/LTime/Date/Tod/LTod/DTL	比较的第一个数值
		操作数 2		比较的第二个数值
不等于	<???> |<>| ??? <???>	操作数 1		比较的第一个数值
		操作数 2		比较的第二个数值
小于	<???> |<| ??? <???>	操作数 1		比较的第一个数值
		操作数 2		比较的第二个数值

续表

指令名称	指令符号	参数	数据类型	说明
小于等于	<???> |<=| ??? <???>	操作数1	Bool/Int/Real/String/Time/LTime/Date/Tod/LTod/DTL	比较的第一个数值
		操作数2		比较的第二个数值
大于	<???> |>| ??? <???>	操作数1		比较的第一个数值
		操作数2		比较的第二个数值
大于等于	<???> |>=| ??? <???>	操作数1		比较的第一个数值
		操作数2		比较的第二个数值
值在范围内	IN_RANGE ??? <???>—MIN <???>—VAL —MAX	功能框输入	Bool	上一个逻辑运算的结果
		MIN	Int/Real	取值范围的下限
		VAL	Int/Real	比较值
		MAX	Int/Real	取值范围的上限
		功能框输出	Bool	比较结果
值在范围外	OUT_RANGE ??? <???>—MIN <???>—VAL —MAX	功能框输入	Bool	上一个逻辑运算的结果
		MIN	Int/Real	取值范围的下限
		VAL	Int/Real	比较值
		MAX	Int/Real	取值范围的上限
		功能框输出	Bool	比较结果

任务实施

1. 列出 I/O 地址分配表

根据 PLC 输入/输出分配原则及本任务控制要求，对本任务进行 I/O 地址分配，如表 3-2-2 所示。

表 3-2-2 交通灯控制的 PLC 控制 I/O 地址分配表

输入		输出	
地址	元件	地址	元件
I0.0	启动按钮 SB1	Q0.0	南北绿灯
I0.1	停止按钮 SB2	Q0.1	南北黄灯

续表

输入		输出	
地址	元件	地址	元件
		Q0.2	南北红灯
		Q0.3	东西绿灯
		Q0.4	东西黄灯
		Q0.5	东西红灯

2. 绘制接线图

根据控制要求及表 3-2-2 的 I/O 地址分配表，绘制出的交通灯控制的 PLC 控制电路如图 3-2-1 所示。

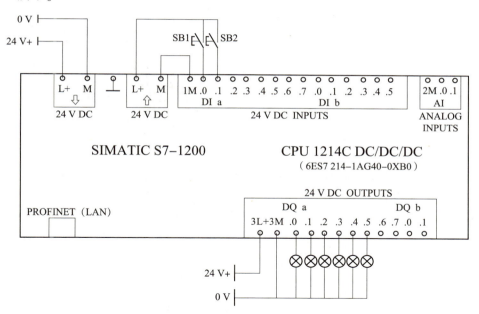

图 3-2-1　交通灯控制的 PLC 控制电路

3. 创建工程项目

用鼠标双击桌面上的 Portal 软件图标，打开博途编程软件，在 Portal 视图中选择"创建新项目"选项，输入项目名称"交通灯控制"，选择项目保存路径，然后单击"创建"按钮完成项目创建，并进行项目的硬件组态。

4. 编辑变量表

本任务变量表如图 3-2-2 所示。

5. 编写程序

结合本任务要求，以 16 s 为一个周期，使接在 Q0.0~Q0.5 代表南北、东西方向的 6 盏交通信号灯按项目要求的逻辑工作。在此，时间信号由定时器产生，使用比较指令编写程序，这样便于读者理解，如图 3-2-3 所示。

交通灯控制 ▸ PLC_1 [CPU 1214C DC/DC/DC] ▸ PLC变量 ▸ 默认变量表 [36]

默认变量表

	名称	数据类型	地址	保持	可从 ...	从 H...	在 H...	注释
1	启动按钮SB1	Bool	%I0.0	☐	☑	☑	☑	
2	停止按钮SB2	Bool	%I0.1	☐	☑	☑	☑	
3	南北绿灯	Bool	%Q0.0	☐	☑	☑	☑	
4	南北黄灯	Bool	%Q0.1	☐	☑	☑	☑	
5	南北红灯	Bool	%Q0.2	☐	☑	☑	☑	
6	东西绿灯	Bool	%Q0.3	☐	☑	☑	☑	
7	东西黄灯	Bool	%Q0.4	☐	☑	☑	☑	
8	东西红灯	Bool	%Q0.5	☐	☑	☑	☑	
9	<添加>			☐	☑	☑	☑	

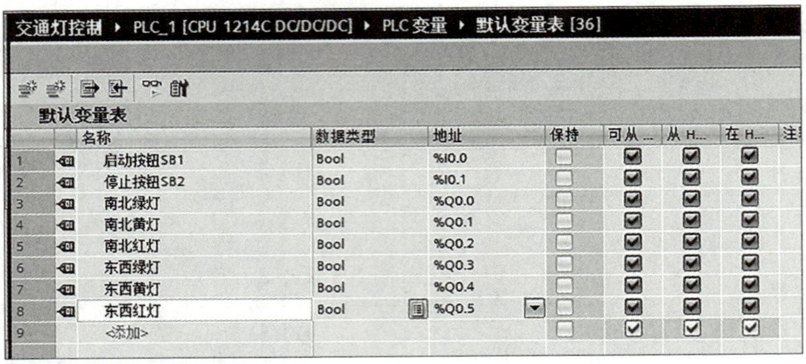

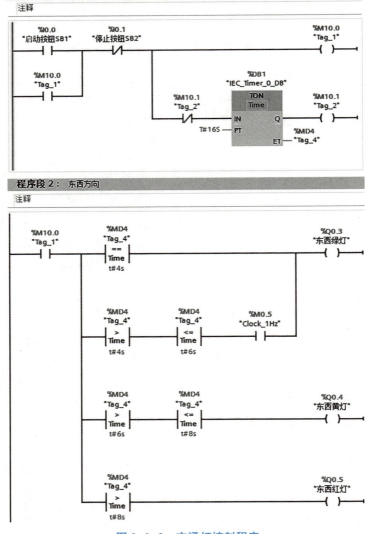

图 3-2-2　交通信号灯控制变量表

图 3-2-3　交通灯控制程序

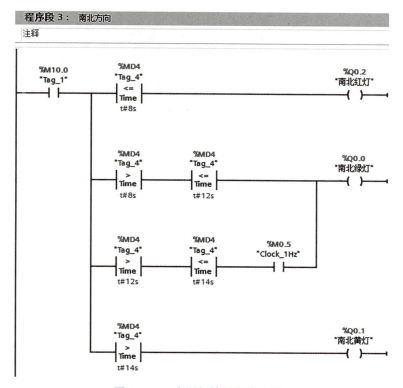

图 3-2-3　交通灯控制程序（续）

6. 调试程序

线路连接好后，将调试好的用户程序下载到 CPU 中。按下启动按钮 SB1，观察东西、南北方向共计 6 盏灯点亮的情况，是否按照题意要求每 16 s 完成一次循环。在亮灯过程中，如果重复按下启动按钮 SB1，亮灯情况是否会受影响？但无论何时按下停止按钮 SB2，灯都应该全部熄灭。如果实验现象和控制要求一致，则本任务要求已实现。

任务评价

考核 项目	考核内容及要求	分值	学生 自评 （A）	小组 评分 （B）	教师 评分 （C）	评价得分 （A×20%+B×30%+C×50%）
线路制作 （20分）	知识点	10				
	I/O 地址分配表	5				
	外围线路制作	5				
程序设计 （25分）	知识点	5				
	梯形图程序	10				
	程序调试	10				

续表

考核项目	考核内容及要求	分值	学生自评（A）	小组评分（B）	教师评分（C）	评价得分（A×20%+B×30%+C×50%）
调试与维护（25分）	系统调试	10				
	系统运行效果	5				
	故障分析与处理	10				
团队合作（8分）	沟通能力	3				
	协调能力	3				
	组织能力	2				
安全文明生产（9分）	遵守纪律	3				
	安全用电	3				
	工具使用	3				
完成时间（3分）	线路制作	1				
	软件编程	1				
	系统调试	1				
其他评价（10分）	课堂互动	5				
	进阶扩展	5				
总分						

项目三　功能指令应用

任务 3　流水灯控制

任务导入

使用 S7-1200 PLC 实现一个 8 盏灯的流水灯控制，要求按下开始按钮后，第 1 盏灯亮，1 s 后第 1、2 盏灯亮，再过 1 s 后第 1、2、3 盏灯亮，按此规律直到 8 盏灯全亮；再过 1 s 后，第 1 盏灯再次亮起，如此循环。无论何时按下停止按钮，8 盏灯全部熄灭。同时，系统还要求无论何时按下按钮，都从第 1 盏灯亮起。

任务分析

本任务结合实际生活中随处可见的流水灯模型，将启动按钮 SB1 连接至 PLC 的 I0.0，停止按钮连接至 PLC 的 I0.1。利用系统自带的时钟发生器 M0.5 产生频率为 1 Hz 的脉冲，将初始数据 "16#01" 按照 1 秒钟 1 位的速度，在 "左移" SHL 指令作用下，每次左移 1 位写入 MW10，左移 8 位完成后再循环工作，直至按下系统停止按钮 SB2。

知识链接

一、指令概述

移位指令具体包含单一方向移位指令和循环移位指令两种。单一方向移位指令 SHL 和 SHR 将输入参数 IN 指定的存储单元的整个内容逐位左移或右移若干位，移位的位数用输入参数 N 来定义，移位的结果保存在输出参数 OUT 指定的地址。

循环移位指令 ROL 和 ROR 将输入参数 IN 指定的存储单元的整个内容逐位循环左移或循环右移若干位后，移出来的位又送回存储单元另一端空出来的位，原始的位不会丢失。N 为移位的位数，移位的结果保存在输出参数 OUT 指定的地址。N 为 "0" 时不会移位，但是 IN 指定的输入值复制给 OUT 指定的地址。移位位数 N 可以大于被移位存储单元的位数，执行指令后，ENO 总是为 "1" 状态。

二、指令说明

移位指令说明如表 3-3-1 所示。

表 3-3-1　移位指令说明

指令名称	指令符号	参数	数据类型	说明
右移	SHR ??? EN ENO <???> — IN OUT — <???> <???> — N	EN	Bool	使能输入
		ENO	Bool	使能输出
		IN	位字符串、整数	要移位的值
		OUT		指令的结果
		N	USInt、UInt、UDInt	将对值进行移位的位数

55

续表

指令名称	指令符号	参数	数据类型	说明
循环右移	ROR ??? EN ENO <???> IN OUT <???> <???> N	EN	Bool	使能输入
		ENO	Bool	使能输出
		IN	位字符串、整数	要循环移位的值
		OUT		指令的结果
		N	USInt、UInt、UDInt	将值循环移动的位数
左移	SHL ??? EN ENO <???> IN OUT <???> <???> N	EN	Bool	使能输入
		ENO	Bool	使能输出
		IN	位字符串、整数	要移位的值
		OUT		指令的结果
		N	USInt、UInt、UDInt	将对值进行移位的位数
循环左移	ROL ??? EN ENO <???> IN OUT <???> <???> N	EN	Bool	使能输入
		ENO	Bool	使能输出
		IN	位字符串、整数	要循环移位的值
		OUT		指令的结果
		N	USInt、UInt、UDInt	将值循环移动的位数

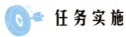

任务实施

1. 列出 I/O 地址分配表

根据 PLC 输入/输出分配原则及本任务控制要求，对本任务进行 I/O 地址分配，如表 3-3-2 所示。

表 3-3-2　流水灯控制的 PLC 控制 I/O 地址分配表

输入		输出	
地址	元件	地址	元件
I0.0	启动按钮 SB1	Q0.0	灯 HL1
I0.1	停止按钮 SB2	Q0.1	灯 HL2
		Q0.2	灯 HL3
		Q0.3	灯 HL4
		Q0.4	灯 HL5
		Q0.5	灯 HL6
		Q0.6	灯 HL7
		Q0.7	灯 HL8

2. 绘制接线图

根据控制要求及表 3-3-2 的 I/O 地址分配表，流水灯控制的 PLC 控制电路如图 3-3-1 所示。

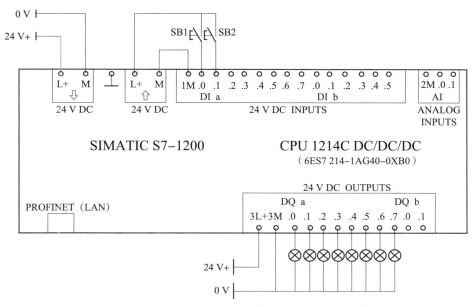

图 3-3-1　流水灯控制的 PLC 控制电路

3. 创建工程项目

用鼠标双击桌面上的 Portal 软件图标，打开博途编程软件，在 Portal 视图中选择“创建新项目”选项，输入项目名称“流水灯控制”，选择项目保存路径，然后单击“创建”按钮完成项目创建，并进行项目的硬件组态。

4. 编辑变量表

本任务变量表如图 3-3-2 所示。

流水灯控制 ▸ PLC_2 [CPU 1214C DC/DC/DC] ▸ PLC 变量 ▸ 默认变量表 [52]

默认变量表

	名称	数据类型	地址	保持	可从 ...	从 H...	在 H...
15	启动按钮SB1	Bool	%I0.0	☐	☑	☑	☑
16	停止按钮SB2	Bool	%I0.1	☐	☑	☑	☑
17	灯HL1	Bool	%Q0.0	☐	☑	☑	☑
18	灯HL2	Bool	%Q0.1	☐	☑	☑	☑
19	灯HL3	Bool	%Q0.2	☐	☑	☑	☑
20	灯HL4	Bool	%Q0.3	☐	☑	☑	☑
21	灯HL5	Bool	%Q0.4	☐	☑	☑	☑
22	灯HL6	Bool	%Q0.5	☐	☑	☑	☑
23	灯HL7	Bool	%Q0.6	☐	☑	☑	☑
24	灯HL8	Bool	%Q0.7	☐	☑	☑	☑

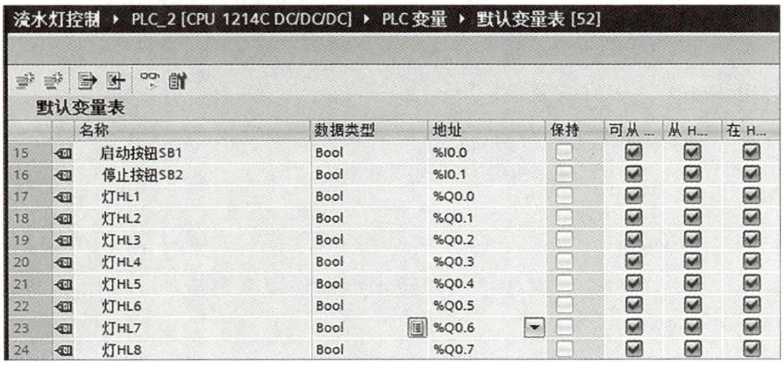

图 3-3-2　流水灯控制变量表

5. 编写程序

本任务要求每秒接在 QB0 端的 8 盏灯以流水灯的形式流动。在此，秒时间信号使用系统时钟存储器字节（默认采用字节 MB0），并使用移位指令编写程序，如图 3-3-3 所示。

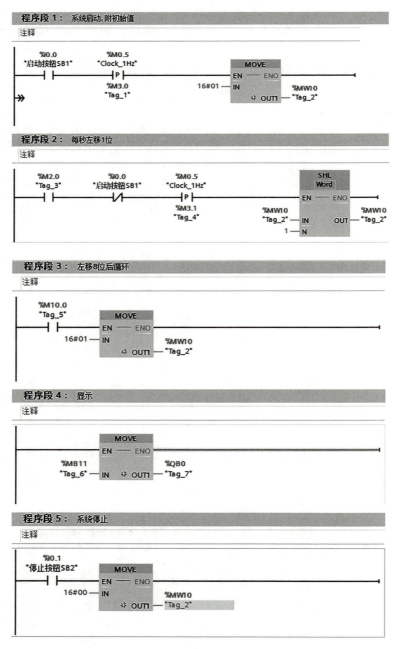

图 3-3-3 流水灯控制程序

6. 调试程序

将调试好的用户程序及设备组态一起下载到 CPU 中,并连接好线路。按下启动按钮 SB1,观察 8 盏灯的亮灯情况,是否按照题意要求间隔 1 s 点亮一盏,最终第 8 盏灯点亮后开始再次循环。另外,在任意一盏灯点亮时,若按下停止按钮 SB2,8 盏灯是否能够全部熄灭。如果调试现象与上述描述结果一致,则说明本任务要求已完成。

 任务评价

考核项目	考核内容及要求	分值	学生自评(A)	小组评分(B)	教师评分(C)	评价得分(A×20%+B×30%+C×50%)
线路制作（20分）	知识点	10				
	I/O 地址分配表	5				
	外围线路制作	5				
程序设计（25分）	知识点	5				
	梯形图程序	10				
	程序调试	10				
调试与维护（25分）	系统调试	10				
	系统运行效果	5				
	故障分析与处理	10				
团队合作（8分）	沟通能力	3				
	协调能力	3				
	组织能力	2				
安全文明生产（9分）	遵守纪律	3				
	安全用电	3				
	工具使用	3				
完成时间（3分）	线路制作	1				
	软件编程	1				
	系统调试	1				
其他评价（10分）	课堂互动	5				
	进阶扩展	5				
总分						

任务 4 数码管显示控制

任务导入

使用 S7-1200 PLC 实现 9 s 倒计时控制,要求按下开始按钮后,数码管上显示 9,松开开始按钮后按每秒递减,减到 0 时停止。无论何时按下停止按钮,数码管显示 0,再次按下开始按钮,数码管依然从数字 9 开始递减。

任务分析

本任务结合大家生活、工作中常见的七段数码显示器,将启动按钮 SB1 连接至 PLC 的 I0.0,停止按钮连接至 PLC 的 I0.1。利用计时器循环 1 s 计时,将初始值赋值为 9,结合减函数指令"SUB",按照每秒钟减少 1 的规律,依次显示从 9 到 0 的数字七段码显示效果,直至按下系统停止按钮 SB2 停止显示。

知识链接

一、指令概述

运算指令包括数学函数指令、字逻辑运算指令。

数学函数指令具有数学运算的功能,数学函数指令包含整数运算指令、浮点数运算指令及三角函数运算指令等,在使用数学函数指令时,输入与输出的数据类型必须保持一致,可通过指令框中的"???"下拉列表选择该指令的数据类型。

使用字逻辑运算指令可对输入的位串类型数据进行逻辑运算,常用的字逻辑运算包括与、或和异或等运算。

二、指令说明

数学函数指令说明如表 3-4-1 所示,字逻辑运算指令说明如表 3-4-2 所示。

表 3-4-1 数学函数指令说明

梯形图	描述	梯形图	描述
ADD Auto (???) EN ENO <???> IN1 OUT <???> <???> IN2	IN1+IN2=OUT	SUB Auto (???) EN ENO <???> IN1 OUT <???> <???> IN2	IN1−IN2=OUT
MUL Auto (???) EN ENO <???> IN1 OUT <???> <???> IN2	IN1×IN2=OUT	DIV Auto (???) EN ENO <???> IN1 OUT <???> <???> IN2	IN1/IN2=OUT

项目三 功能指令应用

续表

梯形图	描述	梯形图	描述
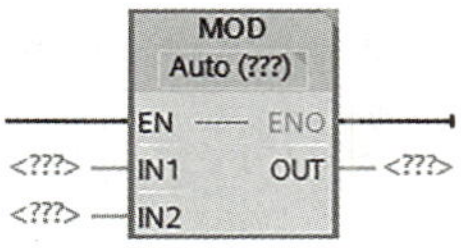 MOD	返回除法的余数	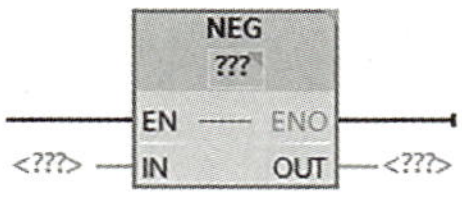 NEG	求二进制补码
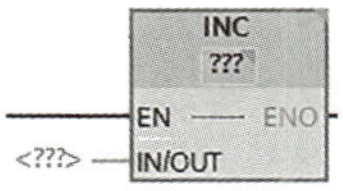 INC	将参数 IN/OUT 的值递增加 1	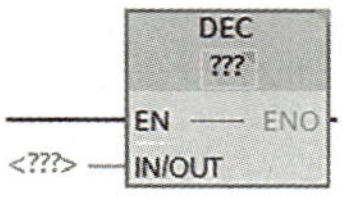 DEC	将参数 IN/OUT 的值递增减 1
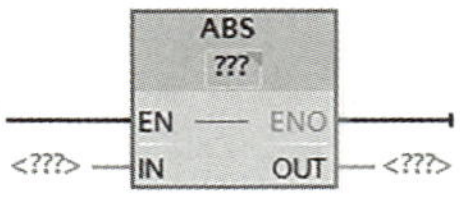 ABS	计算绝对值	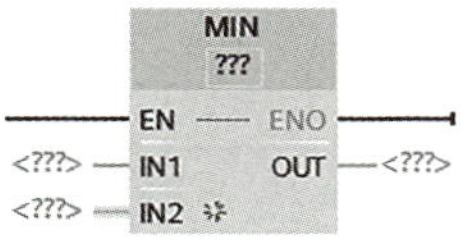 MIN	求 IN1、IN2 中的最小值
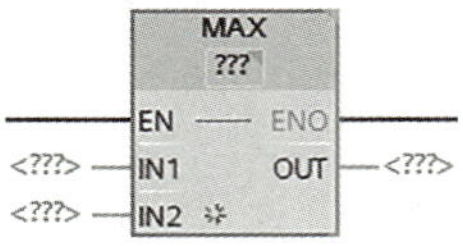 MAX	求 IN1、IN2 中的最大值	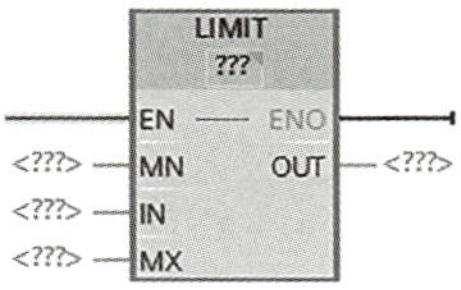 LIMIT	将输入 IN 的值设置在指定的范围内
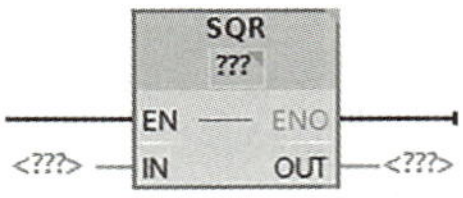 SQR	计算 IN 的平方	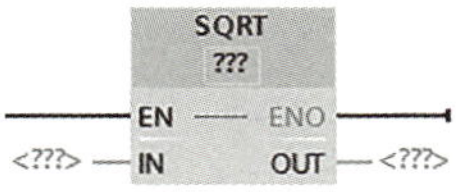 SQRT	计算 IN 的平方根
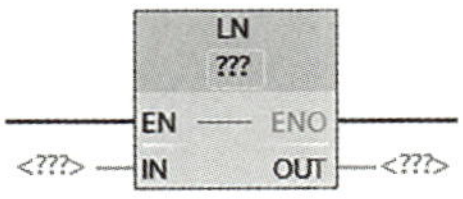 LN	计算自然对数	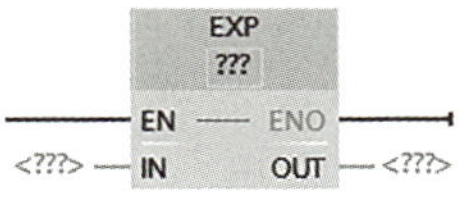 EXP	计算 IN 的指数值
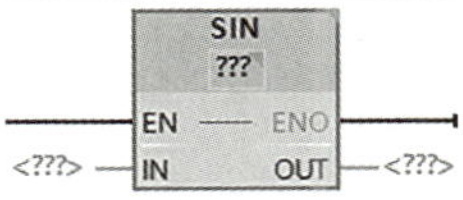 SIN	计算 IN 的正弦值	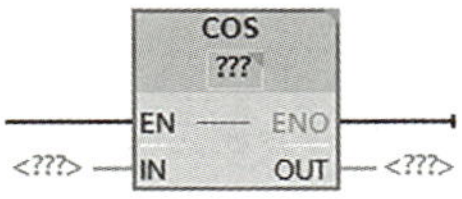 COS	计算 IN 的余弦值
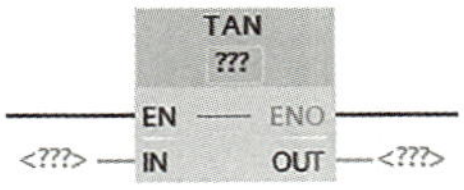 TAN	计算 IN 的正切值	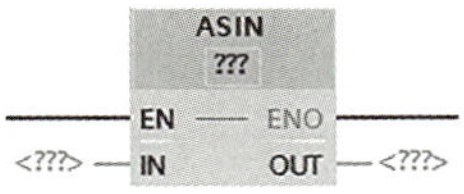 ASIN	计算 IN 的反正弦值
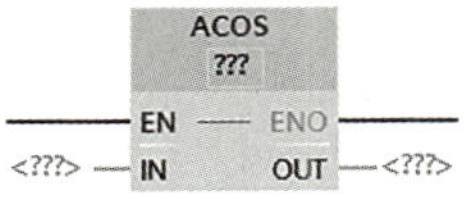 ACOS	计算 IN 的反余弦值	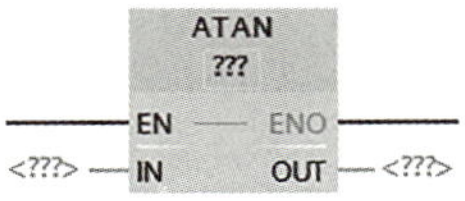 ATAN	计算 IN 的反正切值

续表

梯形图	描述	梯形图	描述
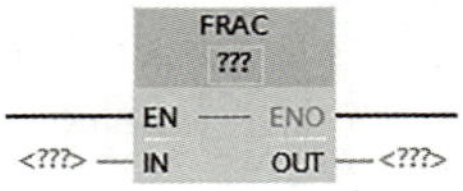 FRAC	求输入 IN 的小数值	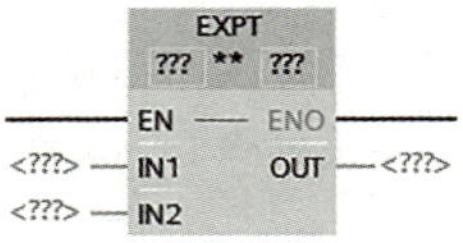 EXPT	求输入以 IN1 为底、IN2 为幂的值
CALCULATE			求自定义表达式的值

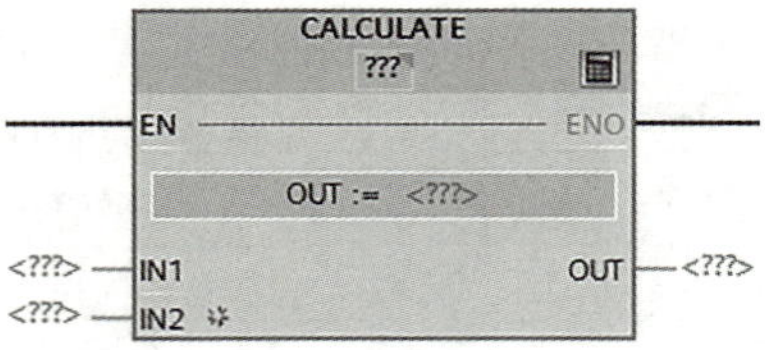

表 3-4-2　字逻辑运算指令说明

梯形图	描述	梯形图	描述
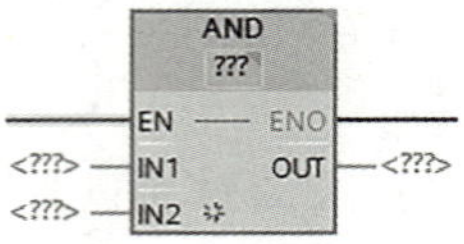 AND	与运算	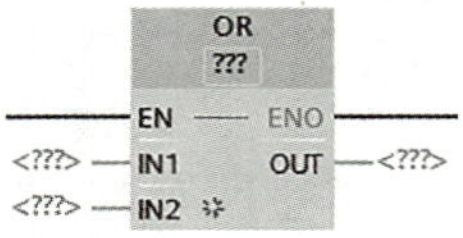 OR	或运算
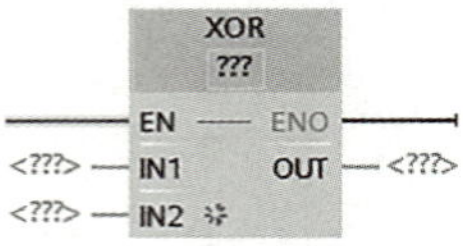 XOR	异或运算	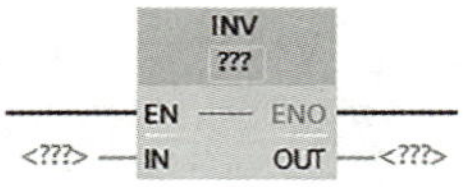 INV	反码
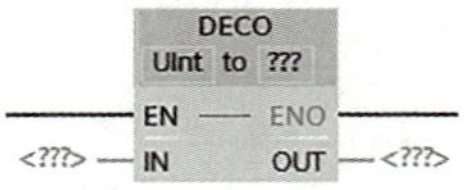 DECO	解码	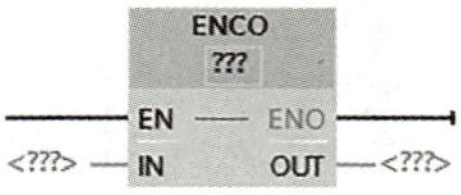 ENCO	编码
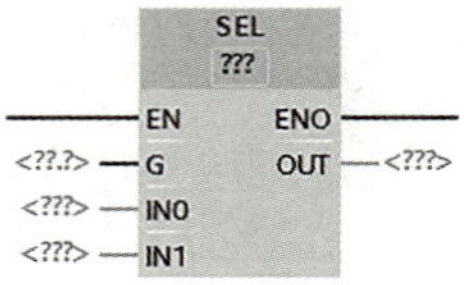 SEL	选择	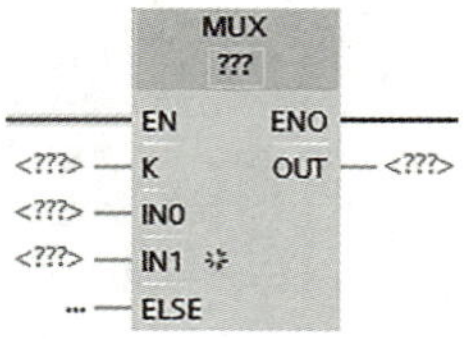 MUX	多路复用
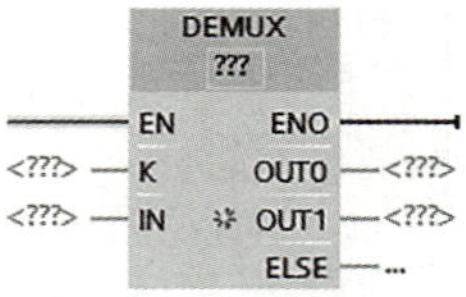 DEMUX	多路分用		

任务实施

1. 列出 I/O 地址分配表

根据 PLC 输入/输出分配原则及本任务控制要求，对本任务进行 I/O 地址分配，如表 3-4-3 所示。

表 3-4-3 数码管显示的 PLC 控制 I/O 地址分配表

输入		输出	
地址	元件	地址	元件
I0.0	启动按钮 SB1	Q0.0	数码管显示 a 段
I0.1	停止按钮 SB2	Q0.1	数码管显示 b 段
		Q0.2	数码管显示 c 段
		Q0.3	数码管显示 d 段
		Q0.4	数码管显示 e 段
		Q0.5	数码管显示 f 段
		Q0.6	数码管显示 g 段

2. 绘制接线图

根据控制要求及表 3-4-3 的 I/O 地址分配表，数码管显示的 PLC 控制电路如图 3-4-1 所示。

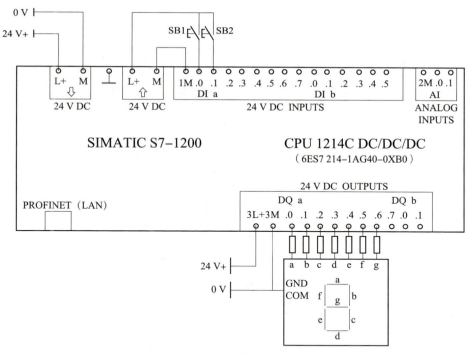

图 3-4-1 数码管显示的 PLC 控制电路

3. 创建工程项目

用鼠标双击桌面上的 Portal 软件图标，打开博途编程软件，在 Portal 视图中选择"创建新项目"选项，输入项目名称"数码管显示"，选择项目保存路径，然后单击"创建"按钮完成项目创建，并进行项目的硬件组态。

4. 编辑变量表

本任务变量表如图 3-4-2 所示。

数码管显示 ▸ PLC_1 [CPU 1214C DC/DC/DC] ▸ PLC 变量 ▸ 默认变量表 [37]

默认变量表

	名称	数据类型	地址	保持	可从...	从 H...	在 H...	注释
1	启动按钮SB1	Bool	%I0.0	☐	☑	☑	☑	
2	停止按钮SB2	Bool	%I0.1	☐	☑	☑	☑	
3	数码管显示a段	Bool	%Q0.0	☐	☑	☑	☑	
4	数码管显示b段	Bool	%Q0.1	☐	☑	☑	☑	
5	数码管显示c段	Bool	%Q0.2	☐	☑	☑	☑	
6	数码管显示d段	Bool	%Q0.3	☐	☑	☑	☑	
7	数码管显示e段	Bool	%Q0.4	☐	☑	☑	☑	
8	数码管显示f段	Bool	%Q0.5	☐	☑	☑	☑	
9	数码管显示g段	Bool	%Q0.6	☐	☑	☑	☑	
10	<添加>			☐	☑	☑	☑	

图 3-4-2　数码管显示 PLC 控制变量表

5. 编写程序

S7-1200 PLC 中没有段译码指令，在数码显示时主要使用按字符驱动法。所谓按字符驱动，即需要显示什么字符就送相应的显示代码，如显示“3”，则按照共阴接法，对应段为“1”时亮，驱动代码为 2#01001111，本任务采用按字符驱动，具体程序如图 3-4-3 所示。

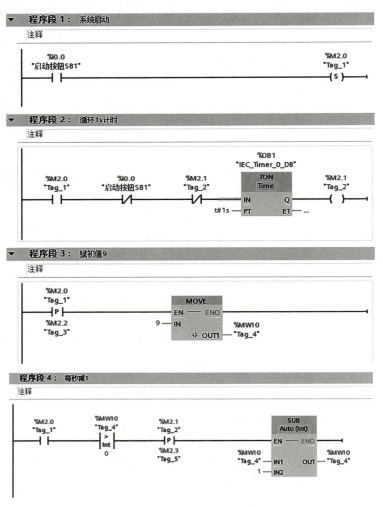

图 3-4-3　数码管显示按字符驱动的 PLC 控制程序

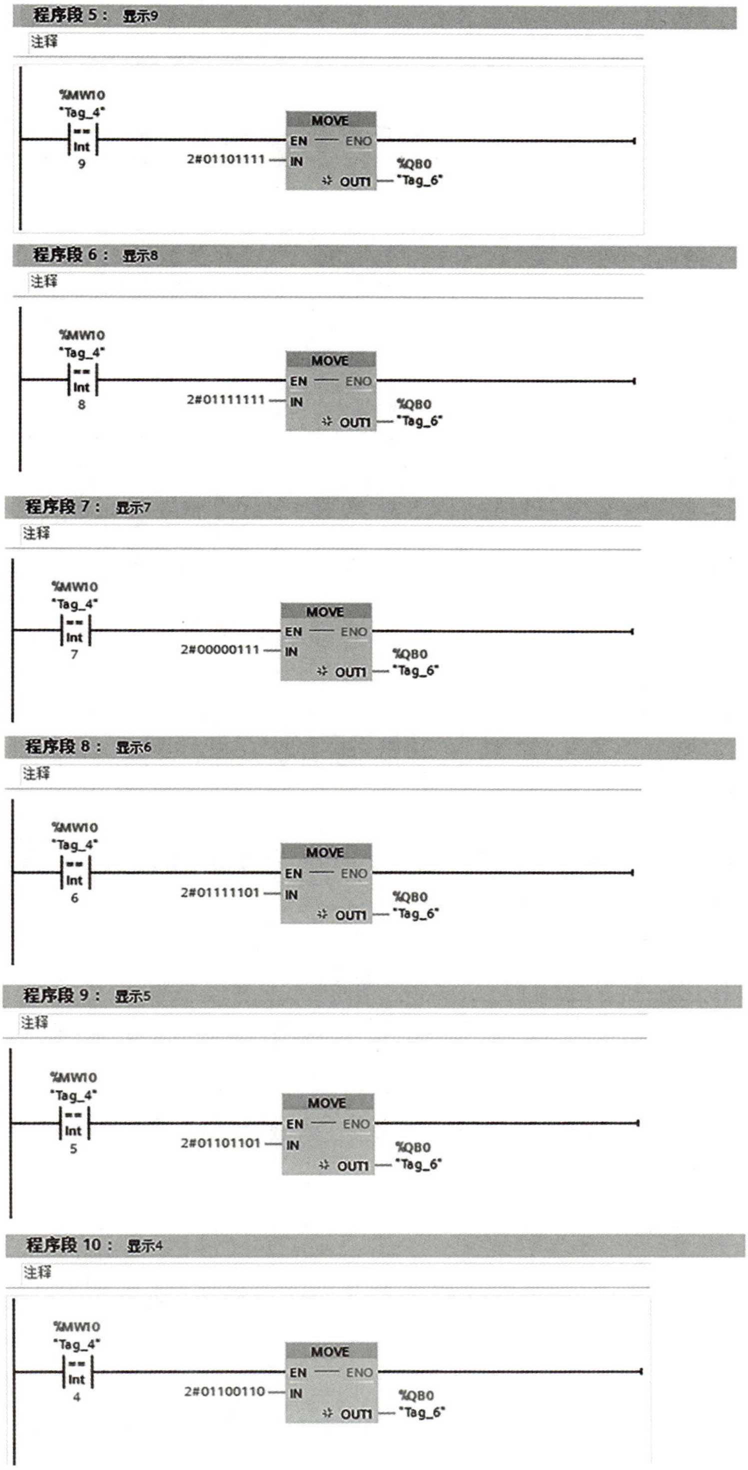

程序段 5：显示9
注释

```
    %MW10
    "Tag_4"
     ==
     Int              MOVE
      9         EN ──── ENO
          2#01101111 ─ IN
                        ❋ OUT1 ── %QB0
                                  "Tag_6"
```

程序段 6：显示8
注释

```
    %MW10
    "Tag_4"
     ==
     Int              MOVE
      8         EN ──── ENO
          2#01111111 ─ IN
                        ❋ OUT1 ── %QB0
                                  "Tag_6"
```

程序段 7：显示7
注释

```
    %MW10
    "Tag_4"
     ==
     Int              MOVE
      7         EN ──── ENO
          2#00000111 ─ IN
                        ❋ OUT1 ── %QB0
                                  "Tag_6"
```

程序段 8：显示6
注释

```
    %MW10
    "Tag_4"
     ==
     Int              MOVE
      6         EN ──── ENO
          2#01111101 ─ IN
                        ❋ OUT1 ── %QB0
                                  "Tag_6"
```

程序段 9：显示5
注释

```
    %MW10
    "Tag_4"
     ==
     Int              MOVE
      5         EN ──── ENO
          2#01101101 ─ IN
                        ❋ OUT1 ── %QB0
                                  "Tag_6"
```

程序段 10：显示4
注释

```
    %MW10
    "Tag_4"
     ==
     Int              MOVE
      4         EN ──── ENO
          2#01100110 ─ IN
                        ❋ OUT1 ── %QB0
                                  "Tag_6"
```

图 3-4-3　数码管显示按字符驱动的 PLC 控制程序（续）

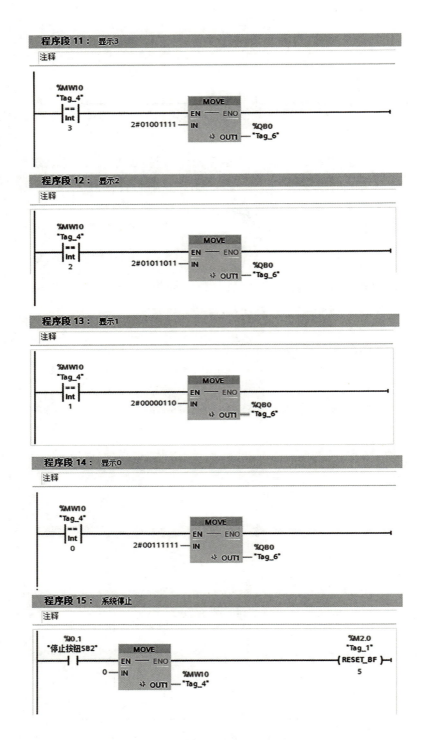

图 3-4-3　数码管显示按字符驱动的 PLC 控制程序（续）

6. 调试程序

将调试好的用户程序及设备组态一起下载到 CPU 中，并连接好线路。按下启动按钮 SB1

不松开，观察此时 Q0.0~Q0.6 灯灭情况，显示的数字是否为 9，松开启动按钮 SB1 后，数码管上显示的数字是否从 9 间隔 1 s 依次递减，直到为 0。按下停止按钮 SB2 后，再次启动 9 s 倒计时，在倒计时过程中，按下停止按钮 SB2 后，是否显示数字 0。若上述调试现象与控制要求一致，则说明本任务要求已实现。

任务评价

考核项目	考核内容及要求	分值	学生自评(A)	小组评分(B)	教师评分(C)	评价得分 (A×20%+B×30%+C×50%)
线路制作 （20 分）	知识点	10				
	I/O 地址分配表	5				
	外围线路制作	5				
程序设计 （25 分）	知识点	5				
	梯形图程序	10				
	程序调试	10				
调试与维护 （25 分）	系统调试	10				
	系统运行效果	5				
	故障分析与处理	10				
团队合作 （8 分）	沟通能力	3				
	协调能力	3				
	组织能力	2				
安全文明生产 （9 分）	遵守纪律	3				
	安全用电	3				
	工具使用	3				
完成时间 （3 分）	线路制作	1				
	软件编程	1				
	系统调试	1				
其他评价 （10 分）	课堂互动	5				
	进阶扩展	5				
总分						

任务 5 手动/自动工作模式切换控制

任务导入

使用 S7-1200 PLC 实现闪光频率的控制，要求根据选择的按钮，闪光灯以相应频率闪烁。若按下慢闪按钮，闪光灯以 2 s 周期闪烁；若按下中闪按钮，闪光灯以 1 s 周期闪烁；若按下快闪按钮，闪光灯以 0.5 s 周期闪烁。无论何时按下停止按钮，闪光灯熄灭。

任务分析

本任务利用三个按钮（SB1、SB2、SB3）分别控制三种闪光效果（慢闪、中闪、快闪）的启动电路。再结合（JMP）跳转指令实现当逻辑运算条件满足时，程序自动跳转至标签程序段继续执行指令，直至将慢闪、中闪、快闪三种闪光频率控制效果演示完成。

知识链接

一、指令概述

程序控制指令具有强制命令程序下一步跳转至指定位置开始执行的功能。

二、指令说明

控制指令说明如表 3-5-1 所示。

表 3-5-1 闪光频率的 PLC 控制指令说明

指令名称	指令符号	操作数类型	说明
跳转	—(JMP)—	???：程序标签（LABEL）	当逻辑运算结果 RLO ="1" 时，程序跳转到标签???（LABEL）程序段处继续执行
0 跳转	—(JMPN)—	???：程序标签（LABEL）	当逻辑运算结果 RLO ="0" 时，程序跳转到标签???（LABEL）程序段处继续执行
跳转标签	<???>	???：标签标识符（LABEL）	LABEL：跳转指令及相应跳转目标程序标签的标识符。各标签在代码块内必须唯一

续表

指令名称	指令符号	操作数类型	说明
跳转列表	JMP_LIST EN DEST0 K DEST1	EN：Bool	使能输入
		K：UInt	指定输出的编号以及要执行的跳转
		DEST0	第一个跳转标签
		DEST1	第二个跳转标签
跳转分配器	SWITCH ??? EN DEST0 K DEST1 ELSE	EN：Bool	使能输入
		K：UInt	指定要比较的值
		==：位字符串、整数、浮点数、Time、Date、Tod	要比较的值
		DEST0	第一个跳转标签
		DEST1	第二个跳转标签
		ELSE	不满足任何比较条件时，执行的程序跳转

 任 务 实 施

1. 列出 I/O 地址分配表

根据 PLC 输入/输出分配原则及本任务控制要求，对本任务进行 I/O 地址分配，如表 3-5-2 所示。

表 3-5-2　闪光频率的 PLC 控制 I/O 地址分配表

输入		输出	
地址	元件	地址	元件
I0.0	慢闪按钮 SB1	Q0.0	闪光灯 HL
I0.1	中闪按钮 SB2		
I0.2	快闪按钮 SB3		
I0.3	停止按钮 SB4		

2. 绘制接线图

根据控制要求及表 3-5-2 的 I/O 分配表，闪光频率的 PLC 控制电路如图 3-5-1 所示。

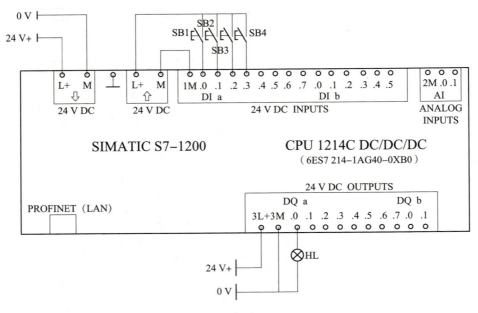

图 3-5-1 闪光频率的 PLC 控制电路

3. 创建工程项目

用鼠标双击桌面上的 Portal 软件图标，打开博途编程软件，在 Portal 视图中选择“创建新项目”选项，输入项目名称“闪光频率的 PLC 控制”，选择项目保存路径，然后单击“创建”按钮完成项目创建，并进行项目的硬件组态。

4. 编辑变量表

本任务变量表如图 3-5-2 所示。

闪光频率的PLC控制 ▸ PLC_1 [CPU 1214C DC/DC/DC] ▸ PLC 变量 ▸ 默认变量表 [48]

默认变量表

		名称	数据类型	地址	保持	可从 ...	从 H...	在 H...
16		慢闪按钮SB1	Bool	%I0.0	☐	☑	☑	☑
17		中闪按钮SB2	Bool	%I0.1	☐	☑	☑	☑
18		快闪按钮SB3	Bool	%I0.2	☐	☑	☑	☑
19		停止按钮SB4	Bool	%I0.3	☐	☑	☑	☑
20		闪光灯HL	Bool	%Q0.0	☐	☑	☑	☑
21		<添加>			☐	☑	☑	☑

图 3-5-2 闪光频率的 PLC 控制变量表

5. 编写程序

在此使用时钟存储字节 MB0 和系统存储字节 MB1，并使用跳转指令编写本任务程序，如图 3-5-3 所示。

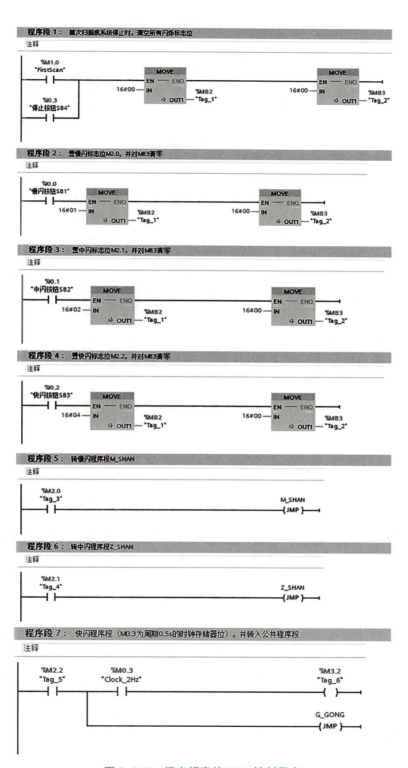

图 3-5-3 闪光频率的 PLC 控制程序

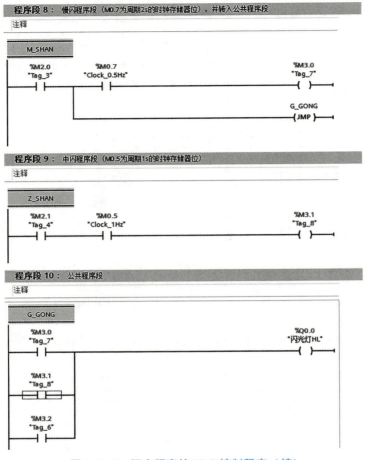

图 3-5-3 闪光频率的 PLC 控制程序（续）

6. 调试程序

将调试好的用户程序及设备组态一起下载到 CPU 中，并连接好线路。按下慢闪按钮 SB1，观察闪光灯的闪烁情况，然后按下中闪按钮 SB2，观察闪光灯的闪烁情况，再按下快闪按钮 SB3，观察闪光灯的闪烁情况。在这三种情况下，观察闪光灯的闪烁频率是否有明显的变化；最后按下停止按钮 SB4，观察闪光灯是否熄灭。

 任务评价

考核项目	考核内容及要求	分值	学生自评 (A)	小组评分 (B)	教师评分 (C)	评价得分 (A×20%+B×30%+C×50%)
线路制作 (20 分)	知识点	10				
	I/O 地址分配表	5				
	外围线路制作	5				

续表

考核项目	考核内容及要求	分值	学生自评（A）	小组评分（B）	教师评分（C）	评价得分（A×20%+B×30%+C×50%）
程序设计（25分）	知识点	5				
	梯形图程序	10				
	程序调试	10				
调试与维护（25分）	系统调试	10				
	系统运行效果	5				
	故障分析与处理	10				
团队合作（8分）	沟通能力	3				
	协调能力	3				
	组织能力	2				
安全文明生产（9分）	遵守纪律	3				
	安全用电	3				
	工具使用	3				
完成时间（3分）	线路制作	1				
	软件编程	1				
	系统调试	1				
其他评价（10分）	课堂互动	5				
	进阶扩展	5				
总分						

项目小结

本项目主要讲解了功能指令中的数据传送指令、比较指令、移位指令、数学函数指令、跳转指令，结合PLC实现彩灯循环控制、交通灯控制、流水灯控制、数码管显示控制、手动/自动工作模式切换控制等5个任务，从任务分析到任务实施的全过程，完成了I/O地址分配、PLC控制电路图绘制、PLC控制变量表编写、控制程序编写、程序调试等环节，进一步培养了PLC编程的逻辑思维。

巩固练习

1. 要求用3盏灯，分别为黄灯、绿灯、红灯表示地下车库车位数的显示。系统工作时如果车位大于10个时则绿灯亮，空余车位在0~10个时则黄灯亮，无空余车位时则红灯亮。请用比较指令实现。

2. 用 I0.0 控制接在 Q0.0~Q1.7 上的 16 个彩灯是否移位，每秒移 1 位；用 I0.1 控制左移或右移，用 MOVE 指令将彩灯的初始值设定为十六进制数 H0001（仅 Q0.0 为 1），设计梯形图程序。

3. 有一停车场最多能停 100 辆车，为了表示停车场是否有空位，试用 PLC 控制系统实现该功能。

4. 有 8 个彩灯被排成一行，从左至右依次每秒有一个灯点亮（只有一个灯亮），循环 3 次后，全部灯同时点亮，3 s 后全部灯熄灭。如此不断重复进行，试使用 PLC 程序实现上述控制要求。

5. 实现 $12^2 \div 8 + 123\sin\dfrac{\pi}{4}$，其中 $\pi = 3.14$。根据自己设计的梯形图，指明哪些变量为临时变量，哪些变量为静态变量。

项目四　PLC 通信功能应用

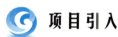

项目引入

在工业控制现场，一台设备或者一条生产线的控制系统，可能由多个控制单元组成，它们在控制设备工作时，要兼顾相关设备的工作状态，或者根据上位机的数组指令或者下位机的信号状态，来决定控制程序的输出，并且把自己工作状态的相关控制信息传递给其他控制单元，这就涉及控制单元之间的通信问题。西门子 S7-1200 PLC 主要通信方式包括：

1. PROFINET 通信

西门子 S7-1200 PLC 集成的 PROFINET 接口允许与以下设备通信：

（1）PG 通信（编程设备）；

（2）HMI 通信（人机界面）；

（3）其他 SIMATIC 控制器。

支持的协议包括 OUC、TCP/IP、ISO-on-TCP、S7 通信（服务器端）、MODBUS TCP 通信（基于以太网连接的 MODBUS 通信）等。

2. PROFIBUS DP 主站

西门子 S7-1200 PLC 的 PROFIBUS 主站通信模块同时支持下列通信连接：

（1）为人机界面与 CPU 通信提供 3 个连接；

（2）为编程设备与 CPU 通信提供 1 个连接；

（3）为主动通信提供 8 个连接，采用分布式 I/O 指令；

（4）为被动通信提供 3 个连接，采用 S7 通信指令。

3. PROFIBUS DP 从站

西门子 S7-1200 PLC 可以作为一个智能 DP 从站设备，通过使用 PROFIBUS DP 从站通信模块 CM 1242-5 可与任何 PROFIBUS DP 主站设备进行通信。

4. 点对点（PtP）通信

西门子 S7-1200 PLC 具有点对点通信功能，提供了各种各样的应用可能性：

（1）直接发送信息到外部设备，如打印机；

（2）从其他设备接收信息，如条形码阅读器、RFID 读写器和视觉系统；

（3）与 GPS 装置、无线电调制解调器以及许多其他类型的设备交换信息。

5. USS 通信

西门子 S7-1200 PLC 利用 USS 指令，可以控制支持 USS 协议的驱动器。通过 CM 1241 RS485 通信模块或者 CB 1241 RS485 通信板，使用 USS 指令与多个驱动器进行通信。

6. MODBUS RTU 通信

S7-1200 PLC 可以作为 MODBUS 主站或从站，通过 MODBUS 指令与支持 MODBUS RTU 协议的设备进行通信。MODBUS 指令可以通过 CM 1241 RS485 通信模块或 CB 1241 RS485 通信板，与多个设备进行通信。

本项目主要通过三个任务，来介绍 S7-1200 PLC 的 MODBUS RTU 通信和 PROFINET 通信相关知识及编程应用。

学习目标

■ **知识目标**
- 熟悉 S7-1200 PLC 使用的各种通信类型；
- 熟悉 S7-1200 PLC 串行通信、以太网通信相关协议。

■ **能力目标**
- 掌握串口通信模块 CM 1241 RS485 的硬件接线和使用方法；
- 能够正确完成通信模块的配置；（1+X 技能）
- 掌握 MODBUS RTU 通信、TCP 通信和 S7 通信的通信连接组态方法及程序编制。

■ **素质目标**
- 通过学习新技术培养学生对科技的探索精神；
- 强化安全、规范、环保、质量意识，贯彻 7S 管理规范；
- 强化团队意识和规划意识，提升团队协作能力和信息素养。

任务 1 S7-1200 PLC 水位采集控制

任务导入

现有一水箱需进行水位数据采集，根据要求选用合适的传感器并利用 S7 1200 PLC 设计方案与编写程序，以采集传感器的水位值。

任务分析

S7-1200 PLC 要采集多个传感器数值，如果用模拟量信号模块来采集，将需要较多的模拟量信号模块，接线较复杂，成本较高。同时 S7-1200 PLC 自带的网口支持多种通信，经查询资料可知部分传感器支持 MODBUS 通信，可通过网络通信的方式采集多个传感器数值。S7-1200 PLC 自带的网口支持的 MODBUS 通信方式为 MODBUS TCP 通信，而传感器支持的通信方式为 MODBUS RUT 通信，因此需要添加支持 MODBUS RTU 通信的模块，以实现相应的任务。

知识链接

一、串行通信基础知识

计算机与外界的信息交换称为通信。通信的基本方式可分为并行通信和串行通信两种。并行通信是指数据的各位同时在多根数据线上发送或接收。串行通信是指数据的各位在同一根数据线上依次逐位发送或接收。串行通信方式使用的数据线少,非常适用于远距离通信。

1. 串行通信的分类

串行通信按同步方式可分为异步通信和同步通信两种基本通信方式。

同步通信(Synchronous Communication)是一种连续传送数据的通信方式,一次通信传送多个字符数据,称为一帧信息。数据传输速率较高,通常可达 56 000 b/s 或更高。其缺点是要求发送时钟和接收时钟保持严格同步。同步通信数据格式如图 4-1-1 所示。

同步字符	数据字符1	数据字符2	…	数据字符$n-1$	数据字符n	校验字符	(校验字符)

图 4-1-1 同步通信数据格式

在异步通信中,数据通常是以字符或字节为单位组成数据帧进行传送的。收、发端各有一套彼此独立、互不同步的通信机构,由于收发数据的帧格式相同,因此可以相互识别接收到的数据信息。异步通信的数据格式如图 4-1-2 所示。

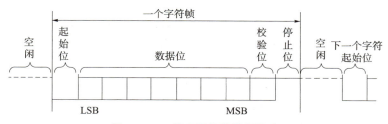

图 4-1-2 异步通信的数据格式

2. 数据传送的方向

串行通信方式有单工、半双工和全双工三种通信方式。

单工方式:只允许数据按照一个固定方向传送,通信两点中的一点为接收端,另一点为发送端,且这种确定是不可更改的。

半双工方式:信息可在两个方向上传输,但在某特定时刻接收和发送是确定的。

全双工方式:信息能在两个方向上同时发送和接收。

3. PLC 常用串行通信接口标准

PLC 通信主要采用串行异步通信,其常用的串行通信接口标准有 RS232、RS422 和 RS485,其中 RS232(点对点)和 RS485(点对多点)比较常用,如图 4-1-3、图 4-1-4 所示。

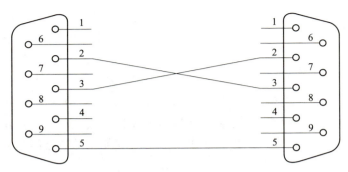

图 4-1-3　RS232 接线图

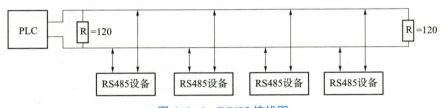

图 4-1-4　RS485 接线图

（1）从电气特性上，RS485 接口信号电平比 RS232 接口信号电平低，不易损坏接口电路；

（2）从接线上，RS232 是三线制，RS485 是两线制；

（3）从传输距离上，RS232 传输距离最大约为 15 m，而 RS485 传输距离可以达到 1 000 m 以上；

（4）从传输方式上，RS232 是全双工传输，RS485 是半双工传输；

（5）从协议层上，RS232 一般针对点对点通信使用，而 RS485 支持总线形式通信，即一个主站带多个从站，建议不超过 32 个从站。

4. 串口通信模块及支持的协议

S7-1200 PLC 有 3 种串口通信模块（CM 1241 RS232、CM 1241 RS422/485 和 CM 1241 RS485，如图 4-1-5 所示）和 1 种通信板（CB1241 RS485，如图 4-1-6 所示）。

图 4-1-5　通信模块

图 4-1-6　通信板

二、MODBUS RTU 通信

1. MODBUS 概述

MODBUS 是一种串行通信协议，是 Modicon 公司［现在的施耐德电气（Schneider Electric）］于 1979 年为使用可编程逻辑控制器（PLC）通信而发表。

MODBUS 协议分 MODBUS ASCII、MODBUS RTU 和后来发展的 MODBUS TCP 三种模式，其中前两种（MODBUS ASCII、MODBUS RTU）所用的物理硬件接口都是串行（Serial）通信接口（RS232、RS422、RS485），是在串行链路上使用的通信协议（串口通信），后一种（MODBUS TCP）是在以太网口基于 TCP/IP 协议的 MODBUS 通信协议。

S7-1200 CPU 的 PROFINET 通信口（见本项目任务 2）支持 MODBUS TCP 通信。

MODBUS RTU 协议是基于 RS232 或 RS485 串行通信的一种协议，数据通信采用主、从方式进行传送，主站发出具有从站地址的数据报文，从站接收到报文后发送相应报文到主站进行应答。MODBUS RTU 网络上只能有一个主站存在，主站在 MODBUS RTU 网络上没有地址，每个从站必须有唯一的地址，从站的地址范围为 0~247，其中 0 为广播地址，从站的实际地址范围为 1~247。使用通信模块 CM 1241（RS232）作 MODBUS RTU 主站时，只能与 1 个从站通信，使用通信模块 CM 1241（RS485）或 CM 1241（RS422/485）作 MODBUS RTU 主站时，最多可以与 32 个从站通信。

MODBUS RTU 协议报文结构及其功能码描述如表 4-1-1、表 4-1-2 所示。

表 4-1-1 MODBUS RTU 协议报文结构

从站地址码	功能码	数据区	错误校验码	
1 个字节	1 个字节	（0~252）个字节	2 个字节	
			CRC 低	CRC 高

表 4-1-2 MODBUS RTU 协议报文结构中的功能码描述

功能码	描述	位/字操作	MODBUS 数据地址	数据地址区
01	读取数据位	位操作	00001~09999	Q0.1~Q1023.7
02	读取输入位	位操作	10001~19999	I0.1~I1023.7
03	读取保持寄存器	字操作	40001~49999	字 1~字 9999
			400001~465535	字 1~字 65534
04	读取输入字	字操作	30001~39999	IW0~IW1022
05	写一个输出位	位操作	00001~09999	Q0.1~Q1023.7
06	写一个保持寄存器	字操作	40001~49999	字 1~字 9999
			400001~465535	字 1~字 65534
15	写多个输出位	位操作	00001~09999	Q0.1~Q1023.7
16	写多个保持寄存器	字操作	40001~49999	字 1~字 9999
			400001~465535	字 1~字 65534

2. 通信指令

在指令窗口中依次选择"通信"→"通信处理器"→"MODBUS（RTU）"选项，出现 MODBUS RTU 指令列表，如图 4-1-7 所示。

MODBUS RTU 指令主要包括三条，即"Modbus_Comm_Load"（通信参数装载指令）、"Modbus_Master"（主站通信指令）和"Modbus_Slave"（从站通信指令），每个指令块被拖曳到程序工作区中时将自动分配背景数据块，背景数据块的名称可自行修改，背景数据块的编号可以手动或自动分配。三条指令的具体参数说明如表 4-1-3～表 4-1-5 所示。

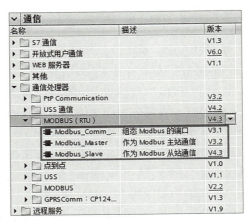

图 4-1-7　MODBUS RTU 指令列表

表 4-1-3　Modbus_Comm_Load 指令

LAD/FBD	参数	数据类型	说明
	REQ	Bool	在上升沿时执行该指令
	PORT	Port	通信端口的硬件标识符。安装并组态通信模块后，通信端口的硬件标识符将出现在 PORT 功能框连接的"参数助手"下拉列表中。通信端口的硬件标识符在 PLC 变量表的"系统常数"选项卡中指定
	BAUD	UDInt	选择通信波特率（b/s）：300、600、1 200、2 400、4 800、9 600、19 200、38 400、57 600、76 800、115 200
	PARITY	UInt	选择奇偶校验：0—无；1—奇数校验；2—偶数校验
	FLOW_CTRL	UInt	流控制选择：0—（默认值）无流控制
	RTS_ON_DLY	UInt	RTS 接通延时选择：0—（默认值）
	RTS_OFF_DLY	UInt	RTS 关断延时选择：0—（默认值）
	RESP_TO	UInt	响应超时："Modbus_Master"允许用于从站响应的时间（以 ms 为单位）。如果从站在此时间段内未响应，"Modbus_Master"将重试请求，或者在发送指定次数的重试请求后终止请求并提示错误。默认值为 1000

续表

LAD/FBD	参数	数据类型	说明
	MB_DB	MB_BASE	对"Modbus_Master"或"Modbus_Slave"指令所使用的背景数据块的引用。在用户的程序中放置"Modbus_Master"或"Modbus_Slave"后，该 DB 标识符将出现在 MB_DB 功能框连接的"参数助手"下拉列表中
	DONE	Bool	如果上一个请求完成并且没有错误，DONE 位将变为 TRUE 并保持一个周期
	ERROR	Bool	如果上一个请求完成出错，那么 ERROR 位将变为 TRUE 并保持一个周期。STATUS 参数中的错误代码仅在 ERROR=TRUE 的周期内有效
	STATUS	Word	错误代码

说明：

（1）在进行 MODBUS RTU 通信前，必须先执行"Modbus_Comm_Load"指令组态模块通信端口，然后才能使用通信指令进行 MODBUS RTU 通信。在启动 OB 块中调用"Modbus_Comm_Load"，或者在 OB1 中使用首次循环标志位调用执行一次。

（2）将"Modbus_Master"和"Modbus_Slave"指令拖曳到用户程序中时，将为其分配背景数据块，"Modbus_Comm_Load"指令的 MB_DB 参数将引用该背景数据块。

表 4-1-4　Modbus_Master 指令

LAD/FBD	参数	数据类型	说明
	REQ	Bool	在上升沿时执行该指令
	MB_ADDR	UInt	MODBUS RTU 从站地址。标准地址范围为 1~247
	MODE	USInt	模式选择：0 表示读操作、1 表示写操作
	DATA_ADDR	UDInt	从站中的起始地址：指定 MODBUS RTU 从站中将访问的数据的起始地址
	DATA_LEN	UInt	数据长度：指定此指令将访问的位或字的个数
	DATA_PTR	Variant	数据指针：指向要进行数据写入或数据读取的标记或数据块地址
	DONE	Bool	如果上一个请求完成并且没有错误，DONE 位将变为 TRUE 并保持一个周期

续表

LAD/FBD	参数	数据类型	说明
%DB2 "Modbus_Master_DB" Modbus_Master — EN ENO — — REQ DONE — — MB_ADDR BUSY — — MODE ERROR — — DATA_ADDR STATUS — — DATA_LEN — DATA_PTR	BUSY	Bool	0表示无激活命令，1表示命令执行中
	ERROR	Bool	如果上一个请求完成出错，那么ERROR位将变为TRUE并保持一个周期。如果执行因错误而终止，那么STATUS参数中的错误代码仅在ERROR=TRUE的周期内有效
	STATUS	Word	错误代码

说明：

（1）同一串行通信接口只能作为MODBUS RTU主站或者从站；

（2）同一串行通信接口使用多个Modbus_Master指令时，Modbus_Master指令必须使用同一个背景数据块，用户程序必须使用轮询方式执行指令。

表 4-1-5　Modbus_Slave 指令

LAD/FBD	参数	数据类型	说明
%DB3 "Modbus_Slave_DB" Modbus_Slave — EN ENO — — MB_ADDR NDR — — MB_HOLD_REG DR — ERROR — STATUS —	MB_ADDR	UInt	MODBUS RTU从站的地址，默认地址范围为0~247
	MB_HOLD_REG	Variant	MODBUS保持寄存器DB数据块的指针：MODBUS保持寄存器可能为M存储区或者数据块的存储区
	NDR	Bool	新数据就绪：0表示无新数据；1表示新数据已由MODBUS主站写入
	DR	Bool	数据读取：0表示未读取数据；1表示该指令已将MODBUS RTU主站接收到的数据存储在目标区域中
	ERROR	Bool	如果上一个请求完成出错，那么ERROR位将变为TRUE并保持一个周期。如果执行因错误而终止，那么STATUS参数中的错误代码仅在ERROR=TRUE的周期内有效
	STATUS	Word	错误代码

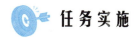

一、硬件选型

S7-1200 PLC 中有以下模块支持 MODBUS RTU 通信：

• 使用通信模块 CM 1241 RS232 作为 MODBUS RTU 主站时，只能与一个从站通信；

• 使用通信模块 CM 1241 RS485 作为 MODBUS RTU 主站时，则允许建立最多与 32 个从站的通信；

• 使用通信板 CB 1241 RS485 时，CPU 固件必须为 V2.0 或更高版本，且使用软件必须为 STEP 7 Basic V11 或 STEP 7 Professional V11 以上更高版本。

1. 通信模块

本任务选择 CB 1241 信号板来实现 MODBUS RTU 通信。

2. 传感器

本任务选取如图 4-1-8 所示的液位变送器（投入式水位计）进行水位检测。

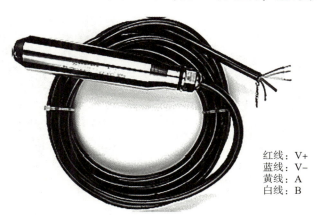

红线：V+
蓝线：V-
黄线：A
白线：B

图 4-1-8　液位变送器

传感器参数：

（1）输出信号：RS485（距离可到 1 000 m，总共可接 32 路）；

（2）标准 MODBUS RTU 协议（03 功能读取数据，06 功能写入设置数据）；

（3）数据格式：9600，N，8，1（即 9 600 b/s，无校验，8 位数据位，1 位停位）；

（4）测试范围：$0 \sim X$（m）；

（5）分辨率：0.05%；

（6）输出数据：0~2 000；

（7）响应频率：≤5 Hz；

（8）响应速度：≥10 ms。

二、传感器与通信板接线

按照图 4-1-9 所示接线方式，完成传感器与通信板的接线。

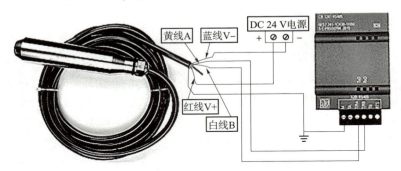

图 4-1-9　接线示意图

三、硬件组态

硬件组态如图 4-1-10 所示。

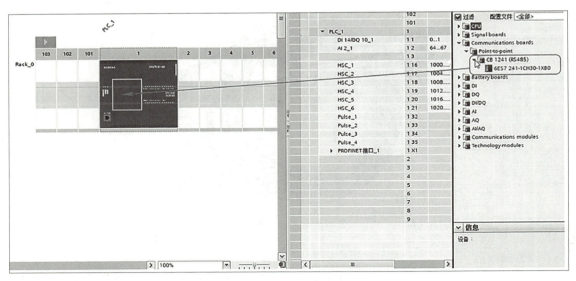

图 4-1-10　硬件组态

四、程序编写

（1）新建变量表，如图 4-1-11 所示。
（2）新建通信 DB，并在其中建立变量，如图 4-1-12 所示。
（3）编写 MODBUS 通信程序，如图 4-1-13 所示。

Mb_Comm_Load_Done	Bool	%M10.2	☐	☑	☑	☑	组态MODBUS端口完成
Mb_Comm_Load_Error	Bool	%M10.3	☐	☑	☑	☑	组态MODBUS端口错误
Mb_Comm_Load_Error_Code	Word	%MW20	☐	☑	☑	☑	组态MODBUS端口错误代码
Mb_Master_Error_Code	Word	%MW22	☐	☑	☑	☑	作为MODBUS主站通信错误代码
Mb_Master_Enable	Bool	%M11.0	☐	☑	☑	☑	作为MODBUS主站通信使能
Mb_Master_Req	Bool	%M11.1	☐	☑	☑	☑	作为MODBUS主站通信请求
Mb_Comm_Load_Enable	Bool	%M10.0	☐	☑	☑	☑	组态MODBUS端口命令使能
Mb_Comm_Load_Req	Bool	%M10.1	☐	☑	☑	☑	组态MODBUS端口命令请求
Mb_Master_Done	Bool	%M11.2	☐	☑	☑	☑	作为MODBUS主站通信完成
Mb_Master_Busy	Bool	%M11.3	☐	☑	☑	☑	作为MODBUS主站通信正在处理中
Mb_Master_Error	Bool	%M11.4	☐	☑	☑	☑	作为MODBUS主站通信错误
S_HN	UInt	%MW24	☐	☑	☑	☑	水位数据高8位
S_LN	UInt	%MW26	☐	☑	☑	☑	水位数据低8位
water_uint	UInt	%MW28	☐	☑	☑	☑	水位数据_整型
water_int_to_real	Real	%MD30	☐	☑	☑	☑	水位数据_实型
water	Real	%MD32	☐	☑	☑	☑	水位数据_真实值

图 4-1-11　变量表

		名称	数据类型	起始值
1		▼ Static		
2		▼ data	Array[0..10] of Byte	
3		data[0]	Byte	16#0
4		data[1]	Byte	16#0
5		data[2]	Byte	16#0
6		data[3]	Byte	16#0
7		data[4]	Byte	16#0
8		data[5]	Byte	16#0
9		data[6]	Byte	16#0
10		data[7]	Byte	16#0
11		data[8]	Byte	16#0
12		data[9]	Byte	16#0
13		data[10]	Byte	16#0
14		<新增>		

图 4-1-12　DB 变量

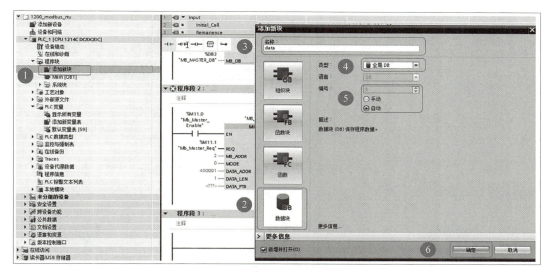

PLC 控制技术

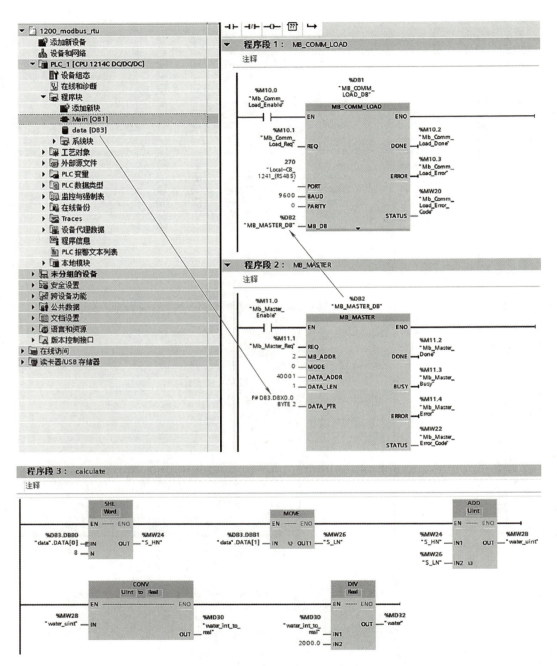

图 4-1-13 MODBUS 通信程序

五、调试运行

完成上述步骤后,将设备组态及程序分别下载到 PLC 中,启动 CPU,将 CPU 切换至 RUN 模式,观察本任务要求是否实现。否则需进一步调试,直至实现控制要求。

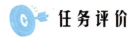
任务评价

考核项目	考核内容及要求	分值	学生自评（A）	小组评分（B）	教师评分（C）	评价得分（A×20%+B×30%+C×50%）
硬件选型（20分）	知识点	10				
	I/O 地址分配表	5				
	硬件接线	5				
程序设计（25分）	知识点	10				
	梯形图程序	10				
	程序调试	5				
调试与维护（25分）	系统调试	10				
	系统运行效果	5				
	故障分析与处理	10				
团队合作（8分）	沟通能力	3				
	协调能力	3				
	组织能力	2				
安全文明生产（9分）	遵守纪律	3				
	安全用电	3				
	工具使用	3				
完成时间（3分）	线路制作	1				
	软件编程	1				
	系统调试	1				
其他评价（10分）	课堂互动	5				
	进阶扩展	5				
总分						

任务 2　PROFINET（TCP）通信实现两台 S7-1200 PLC 之间的电机控制

任务导入

两台 S7-1200 PLC 分别自控一个三相电动机，先要对控制系统进行远程控制改造，即分别用两台 S7-1200 PLC 去控制对方电动机的启停，使双方电动机运行方向互为相反。

任务分析

S7-1200 PLC 自带一个或两个 PROFINET 通信接口，可通过以太网接口实现非实时和实时通信，本任务将其中一台 S7-1200 PLC 作为 PROFINET IO 控制器，另一台作为 PROFINET IO 设备，利用两台 S7-1200 PLC 之间的 PROFINET 通信，来实现控制要求。

知识链接

一、PROFINET 概述

工业以太网是在以太网技术和 TCP/IP 技术的基础上开发出来的一种工业网络，技术上与商业以太网（IEEE 802.3 标准）兼容，通过对商业以太网技术进行通信实时性和工业应用环境等改进，并添加一些控制应用功能后，形成工业以太网技术。它已经广泛应用于工业自动化控制现场，具有传输速度快、数据量大、便于无线连接和抗干扰能力强等特点，已成为主流的总线网络。

PROFINET 基于工业以太网技术，使用 TCP/IP 和 IT 标准，是一种实时的现场总线标准。PROFINET 为自动化通信领域提供了一个完整的网络解决方案，包括实时以太网、运动控制、分布式自动化、故障安全以及网络安全等应用，可以实现通信网络的一网到底，即从上到下都可以使用同一网络。西门子公司在十多年前就已经推出 PROFINET，到目前为止已经大规模应用于各个行业。

PROFINET 设备分为 IO 控制器、IO 设备和 IO 监视器。

（1）PROFINET IO 控制器是指用于对连接的 IO 设备进行寻址的设备，这意味着 PROFINET IO 控制器将与分配的现场设备交换输入和输出信号。

（2）PROFINET IO 设备是指分配给其中一个 IO 控制器的分布式现场设备，例如远程 IO、变频器和伺服控制器等。

（3）PROFINET IO 监控器是指用于调试和诊断的编程设备，例如 PC 或 HMI 设备等。

PROFINET 有三种传输方式：

（1）非实时数据传输（NRT）；

（2）实时数据传输（RT）；

（3）等时实时数据传输（IRT）。

PROFINET IO 通信使用 OSI 参考模型第 1 层、第 2 层和第 7 层，支持灵活的拓扑方式，如总线型、星型、树型和环型等。

S7-1200 PLC CPU 通过集成的以太网接口既可以作为 PROFINET IO 控制器控制现场 PROFINET IO 设备，也可以同时作为 PROFINET IO 设备被上一级 PROFINET IO 控制器控制，此功能称为智能 IO 设备功能。

二、S7-1200 PLC 以太网接口的通信服务

S7-1200 PLC CPU 本体集成一个或者两个以太网口，其中 CPU 1211、CPU 1212 和 CPU 1214 集成一个以太网口，CPU 1215 和 CPU 1217 集成两个以太网口，两个以太网口具有交换机功能，共用一个 IP 地址。当 S7-1200 PLC CPU 需要连接多个以太网设备时，可以通过交换机扩展接口。

S7-1200 PLC CPU 的 PROFINET 口有两种网络连接方法：直接连接和交换机连接。

1. 直接连接

当一个 S7-1200 PLC CPU 与一个编程设备、HMI 或是其他 PLC 通信时，也就是说只有两个通信设备时，可以实现直接通信。直接连接不需要使用交换机，用网线直接连接两个设备即可，如图 4-2-1 所示。

2. 交换机连接

当两个以上的 CPU 或 HMI 设备连接网络时，需要增加以太网交换机。通常使用安装在机架上的 CSM 1277 4 端口以太网交换机来连接多个 CPU 和 HMI 设备，如图 4-2-2 所示。CSM 1277 交换机是即插即用的，使用前不需要做任何设置。

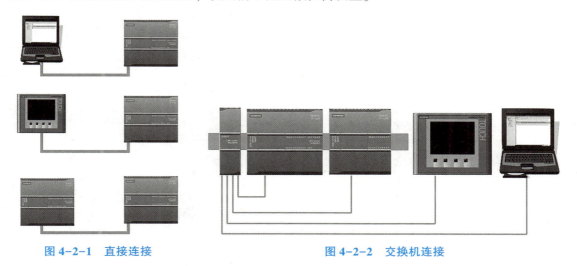

图 4-2-1　直接连接　　　　　　　图 4-2-2　交换机连接

三、通信指令

S7-1200 PLC 中需要编程的以太网通信都是用开放式以太网通信指令块 T-block 来实现的，所有 T-block 通信指令必须在 OB1 中调用。调用 T-block 通信指令并配置两个 CPU 之间的连接参数，定义数据发送或接收信息的参数。博途软件提供两套通信指令：不带连接管理的通信指令和带连接管理的通信指令。这两套指令的功能如图 4-2-3、表 4-2-1 和图 4-2-4、表 4-2-2 所示。

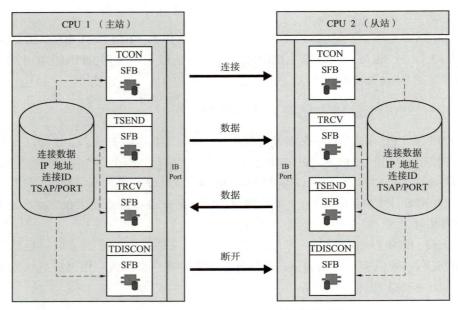

图 4-2-3　不带连接管理的通信指令的功能

表 4-2-1　不带连接管理的通信指令

指令	功能
TCON	建立以太网连接
TDISCON	断开以太网连接
TSEND	发送数据
TRCV	接收数据

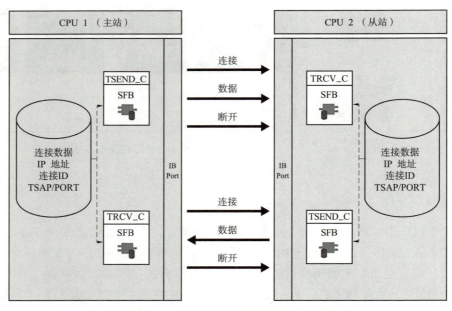

图 4-2-4　带连接管理的通信指令的功能

项目四　PLC 通信功能应用

表 4-2-2　带连接管理的通信指令

指令	功能
TSEND_C	建立以太网连接并发送数据
TRCV_C	建立以太网连接并接收数据

其中 TSEND_C 指令实现的是 TCON、TDISCON 和 TSEND 三条指令的综合功能；TRCV_C 指令是实现的 TCON、TDISCON 和 TRCV 三条指令综合的功能。在指令窗口选择"通信"→"开放式用户通信"选项，可打开开放式用户通信指令列表，如图 4-2-5 所示。

表 4-2-3~表 4-2-6 分别对 TSEND_C、TRCV_C、TSEND、TRCV 指令中的参数进行了具体说明。

图 4-2-5　开放式用户通信指令

表 4-2-3　TSEND_C 指令

LAD/FBD	参数	数据类型	说明
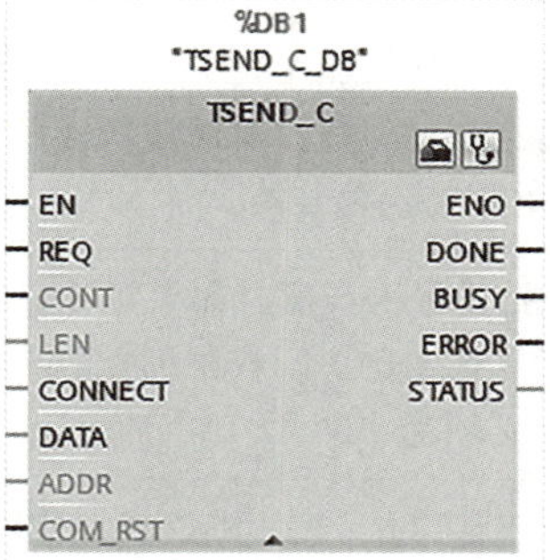 %DB1 "TSEND_C_DB" TSEND_C EN　ENO REQ　DONE CONT　BUSY LEN　ERROR CONNECT　STATUS DATA ADDR COM_RST	REQ	Bool	在上升沿时执行该指令
	CONT	Bool	控制通信连接：为"0"时，断开通信连接；为"1"时，建立并保持通信连接
	LEN	UDInt	可选参数（隐藏）：发送的最大字节数。如果在 DATA 参数中使用具有优化访问权限的发送区，LEN 参数值必须为"0"
	CONNECT	Variant	指向连接描述结构的指针：对于 TCP 或 UDP，使用 TCON_IP_v4 系统数据类型；对于 ISO-on-TCP，使用 TCON_IP_RFC 系统数据类型
	DATA	Variant	指向发送区的指针：该发送区包含要发送数据的地址和长度。传送结构时，发送端和接收端的结构必须相同
	ADDR	Variant	UDP 需使用的隐藏参数：此时，将包含指向系统数据类型 TADDR_Param 的指针。接收方的地址信息（IP 地址和端口号）将存储在系统数据类型为 TADDR_Param 的数据块中

91

续表

LAD/FBD	参数	数据类型	说明
TSEND_C 指令框图 %DB1 "TSEND_C_DB" TSEND_C EN — ENO REQ — DONE CONT — BUSY LEN — ERROR CONNECT — STATUS DATA ADDR COM_RST	COM_RST	Bool	重置连接，可选参数（隐藏）。 0 表示不相关； 1 表示重置现有连接。 COM_RST 参数通过"TSEND_C"指令进行求值后将被复位，因此不应静态互连
	DONE	Bool	状态参数：0 表示发送作业尚未启动或仍在进行；1 表示发送作业已成功执行。此状态将仅显示一个周期。 如果在处理（连接建立、发送、连接终止）期间成功完成中间步骤且"TSEND_C"的执行成功完成，将置位输出参数 DONE
	BUSY	Bool	作业状态位：0 表示无正在处理的作业；1 表示作业正在处理
	ERROR	Bool	错误位：0 表示无错误；1 表示出现错误，错误原因可查看 STATUS
	STATUS	Word	错误代码

表 4-2-4　TRCV_C 指令

LAD/FBD	参数	数据类型	说明
%DB1 "TRCV_C_DB" TRCV_C EN — ENO EN_R — DONE CONT — BUSY LEN — ERROR ADHOC — STATUS CONNECT — RCVD_LEN DATA ADDR COM_RST	EN_R	Bool	启用接收的控制参数：EN_R = 1 时，准备接收，处理接收作业
	CONT	Bool	控制通信连接：0 表示断开通信连接；1 表示建立并保持通信连接
	LEN	UDInt	要接收数据的最大长度。如果在 DATA 参数中使用具有优化访问权限的接收区，LEN 参数值必须为"0"
	ADHOC	Bool	可选参数（隐藏），TCP 协议选项使用 Ad-hoc 模式
	CONNECT	Variant	指向连接描述结构的指针：对于 TCP 或 UDP，使用 TCON_IP_v4 结构；对于 ISO-on-TCP，使用 TCON_IP_RFC 结构
	DATA	Variant	指向接收区的指针：传送结构时，发送端和接收端的结构必须相同

LAD/FBD	参数	数据类型	说明
(TRCV_C block)	ADDR	Variant	UDP 需使用的隐藏参数：此时，将包含指向系统数据类型 TADDR_Param 的指针。发送方的地址信息（IP 地址和端口号）将存储在系统数据类型为 TADDR_Param 的数据块中
	COM_RST	Bool	重置连接，可选参数（隐藏）。0 表示不相关；1 表示重置现有连接。COM_RST 参数通过"TRCV_C"指令进行求值后将被复位，因此不应静态互连
	DONE	Bool	最后一个作业成功完成后，立即将输出参数 DONE 置位为"1"
	BUSY	Bool	作业状态位：0 表示无正在处理的作业；1 表示作业正在处理
	ERROR	Bool	错误位：0 表示无错误；1 表示出现错误，错误原因可查看 STATUS
	STATUS	Word	错误代码
	RCVD_LEN	UDInt	实际接收到的数据量（以字节为单位）

表 4-2-5　TSEND 指令

LAD/FBD	参数	数据类型	说明
(TSEND block)	REQ	Bool	在上升沿时执行该指令
	ID	CONN_OUC（Word）	用于引用相关的连接，ID 必须与本地连接描述中的相关参数 ID 具有相同值范围：W#16#0001 到 W#16#0FFF
	LEN	UDInt	要通过作业发送的最大字节数
	DATA	Variant	指向发送区的指针：该发送区包含要发送数据的地址和长度。该地址引用过程映像输入 I、过程映像输出 Q、位存储器 M 及数据块 DB。传送结构时，发送端和接收端的结构必须相同
	DONE	Bool	状态参数：0 表示作业尚未启动，或仍在执行过程中；1 表示作业已经成功完成

LAD/FBD	参数	数据类型	说明
%DB3 "TSEND_DB" TSEND —EN ENO— —REQ DONE— —ID BUSY— —LEN ERROR— —DATA STATUS—	BUSY	Bool	状态参数：0 表示作业尚未启动或已完成；1 表示作业尚未完成，无法启动新作业
	ERROR	Bool	错误位：0 表示无错误；1 表示出现错误，错误原因可查看 STATUS
	STATUS	Word	错误代码

表 4-2-6 TRCV 指令

LAD/FBD	参数	数据类型	说明
%DB3 "TRCV_DB" TRCV —EN ENO— —EN_R NDR— —ID BUSY— —LEN ERROR— —ADHOC STATUS— —DATA RCVD_LEN—	EN_R	Bool	允许 CPU 进行接收；EN_R = 1 时，准备接收，处理接收作业
	ID	CONN_OUC	用于引用相关的连接，ID 必须与本地连接描述中的相关参数 ID 具有相同值范围：W#16#0001 到 W#16#0FFF
	LEN	UDInt	接收区长度（以字节为单位，隐藏）。如果在 DATA 参数中使用具有优化访问权限的存储区，LEN 参数值必须为 "0"
	ADHOC	Bool	可选参数（隐藏），TCP 协议选项使用 Ad-hoc 模式
	DATA	Variant	指向接收区的指针：传送结构时，发送端和接收端的结构必须相同
	NDR	Variant	状态参数（New Data Received）：0 表示作业尚未启动，或仍在执行过程中；1 表示作业已经成功完成
	BUSY	Bool	状态参数：0 表示作业尚未启动或已完成；1 表示作业尚未完成，无法启动新作业
	ERROR	Bool	错误位：0 表示无错误；1 表示出现错误，错误原因可查看 STATUS
	STATUS	Word	状态参数：输出状态和错误信息
	RCVD_LEN	UInt	实际接收到的数据量（以字节为单位）

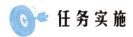

任务实施

一、I/O 地址分配

根据控制要求确定 I/O 点数,两台 PLC I/O 地址分配(两台相同)如表 4-2-7 所示。

表 4-2-7 I/O 地址分配表

输入			输出		
设备名称	符号	I 元件地址	设备名称	符号	Q 元件地址
正向启动按钮	SB1	I0.0	正向接触器	KM1	Q0.0
反向启动按钮	SB2	I0.1	反向接触器	KM2	Q0.1
停止按钮	SB3	I0.2			
热继电器	FR	I0.3			

二、硬件接线

按照图 4-2-6 所示的接线图,完成两台 PLC 的接线。

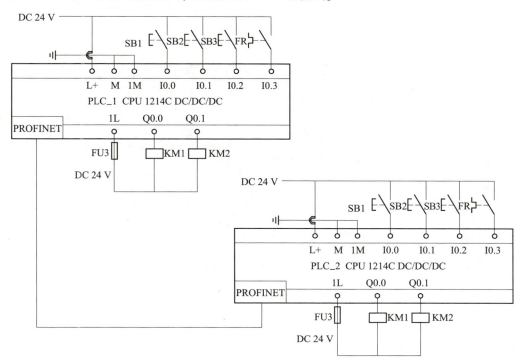

图 4-2-6 PLC 接线图

三、硬件组态

1. PLC 组态

在项目树中，用鼠标双击"添加新设备"选项，添加两台设备，名称分别为 PLC_1 和 PLC_2，型号均为 CPU 1214C DC/DC/DC。单击"PLC_1 [CPU 1214C DC/DC/DC]"下拉按钮，双击"设备组态"选项，在"设备视图"工作区中，选中 PLC_1，依次单击其巡视窗口中的"属性"→"常规"→"PROFINET 接口 [X1]"→"以太网地址"选项，修改 PLC_1 的以太网 IP 地址为 192.168.0.1，如图 4-2-7 所示。用同样的方法设置 PLC_2 的 IP 地址为 192.168.0.2，并启用时钟存储器字节，如图 4-2-8 所示。

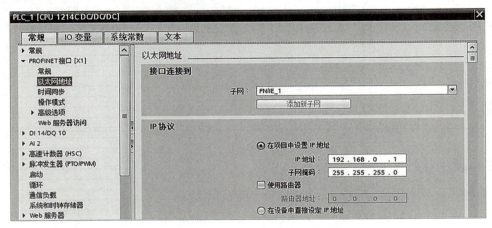

图 4-2-7　PLC_1 以太网 IP 地址设置

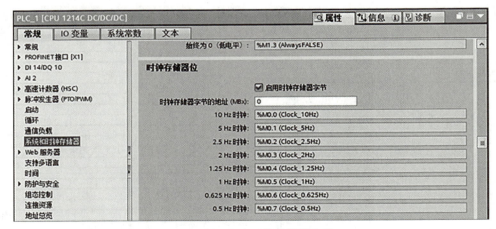

图 4-2-8　启用时钟存储器字节

2. 创建网络连接

在项目树中，用鼠标双击"设备和网络"选项，进入网络视图，首先用鼠标单击 PLC_1 的 PROFINET 通信口的绿色小方框，按住鼠标拖曳出一条线到 PLC_2 的 PROFINET 通信口的绿色小方框上，则网络连接建立，创建完成的网络连接如图 4-2-9 所示。

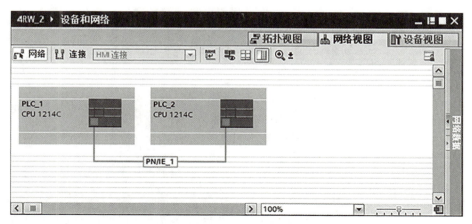

图 4-2-9　创建完成的网络连接

3. 编辑变量表

编辑完成的 PLC_1 变量表如图 4-2-10 所示。

4RW_2 ▸ PLC_1 [CPU 1214C DC/DC/DC] ▸ PLC 变量 ▸ 变量表_1 [6]

变量表_1

	名称	数据类型	地址	保持	可从...	从 H...	在 H...
1	正向启动按钮SB1	Bool	%I0.0	☐	☑	☑	☑
2	反向启动按钮SB2	Bool	%I0.1	☐	☑	☑	☑
3	停止按钮SB3	Bool	%I0.2	☐	☑	☑	☑
4	热继电器FR	Bool	%I0.3	☐	☑	☑	☑
5	正向接触器KM1	Bool	%Q0.0	☐	☑	☑	☑
6	反向接触器KM2	Bool	%Q0.1	☐	☑	☑	☑

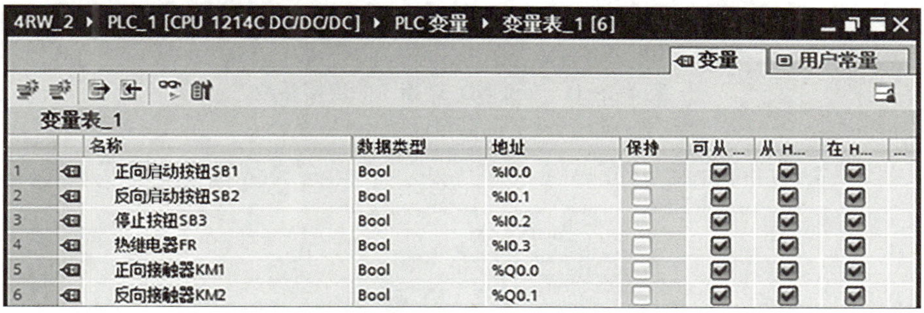

图 4-2-10　PLC_1 变量表

注：PLC_2 变量表与 PLC_1 的相同。

四、编写程序

程序包括 PLC_1 程序和 PLC_2 程序两部分。

1. PLC_1 程序

编写 TSEND_C 指令的块参数，如图 4-2-11 所示。TSEND_C 指令的块参数也可以采用上述连接参数相类似的组态方法进行设置。

在 OB1 中调用接收指令 TRCV 并组态参数。为了使 PLC_1 能接收到来自 PLC_2 的数据，在 PLC_1 调用接收指令并组态参数。接收数据与发送数据使用同一连接，所以使用不带连接管理的 TRCV 指令。在 PLC_1 主程序 OB1 的程序编辑区右侧指令窗口中，选择“通信”选项，打开“开放式用户通信”→“其他”，双击或拖曳 TRCV 指令至程序段中，自动生成名称为 TRCV_DB 的背景数据块，在此使用 TCP 协议。其块参数设置直接在指令引脚端进行。

PLC_1 程序如图 4-2-12 所示。

PLC 控制技术

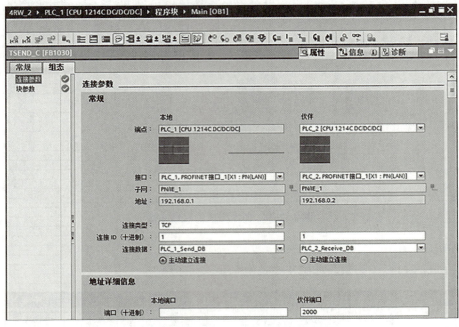

图 4-2-11 TSEND_C 指令的连接参数

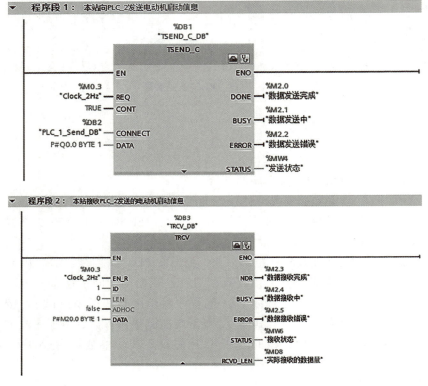

图 4-2-12 PLC_1 程序

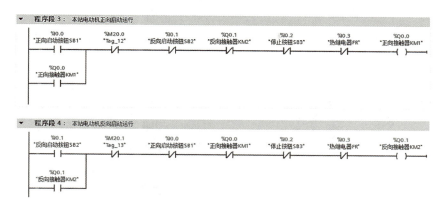

图 4-2-12 PLC_1 程序（续）

2. PLC_2 程序

编写 TRCV_C 指令的块参数，如图 4-2-13 所示。PLC_2 程序如图 4-2-14 所示。

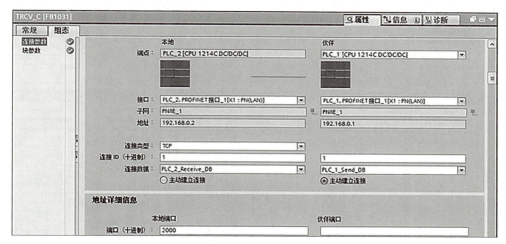

图 4-2-13 TRCV_C 指令的连接参数

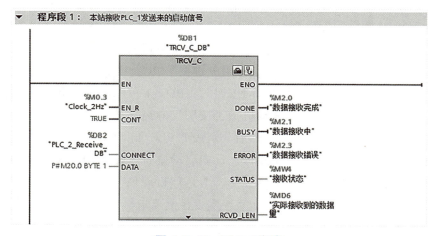

图 4-2-14 PLC_2 程序

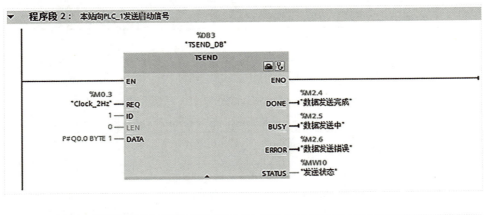

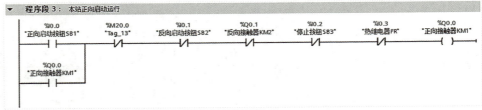

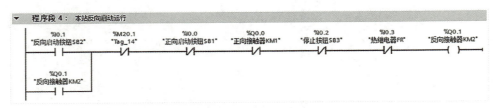

图 4-2-14　PLC_2 程序（续）

五、调试运行

将设备组态及调试好的两单元程序分别下载到 PLC_1、PLC_2 的 CPU 中。启动 CPU，将 CPU 切换至 RUN 模式，按下 PLC_1 的正向启动按钮，PLC_1 控制的三相异步电动机正向启动运行，观察 PLC_2 控制的三相异步电动机是否按下正向启动按钮后不能正向启动，但按下反向启动按钮后反向启动可以运行，然后分别按下 PLC_1、PLC_2 上的停止按钮两台电动机停止运行；在按下 PLC_1 的反向启动按钮时，PLC_1 控制的三相异步电动机反向启动运行，观察 PLC_2 控制的三相异步电动机是否按下反向启动按钮后不能反向启动，只能按下正向启动按钮后反向启动才能运行，然后分别按下 PLC_1、PLC_2 上的停止按钮，两台电动机停止运行。在 PLC_2 上分别按下正向、反向启动按钮，观察 PLC_1 控制的电动机是否只能与 PLC_2 控制的电动机反向启动运行。若上述运行现象与控制要求完全相同，则说明本任务要求已实现。否则需进一步调试，直至实现控制要求。

任务评价

考核项目	考核内容及要求	分值	学生自评（A）	小组评分（B）	教师评分（C）	评价得分（A×20％+B×30％+C×50％）
硬件选型（20分）	知识点	10				
	I/O 地址分配表	5				
	硬件接线	5				
程序设计（25分）	知识点	10				
	梯形图程序	10				
	程序调试	5				
调试与维护（25分）	系统调试	10				
	系统运行效果	5				
	故障分析与处理	10				
团队合作（8分）	沟通能力	3				
	协调能力	3				
	组织能力	2				
安全文明生产（9分）	遵守纪律	3				
	安全用电	3				
	工具使用	3				
完成时间（3分）	线路制作	1				
	软件编程	1				
	系统调试	1				
其他评价（10分）	课堂互动	5				
	进阶扩展	5				
总分						

任务 3　S7 通信实现两台 S7-1200 PLC 之间的数据传输

任务导入

两台 S7-1200 PLC 进行 S7 通信，一台作为客户端，另一台作为服务器。客户端将服务器的 IW100～IW104 中的数据读取到客户端的 DB10.DBW0～DB10.DBW4 中；客户端将 DB10.DBW5～DB10.DBW9 的数据写到服务器的 QW100～QW104 中。

任务分析

S7-1200 PLC 除了通过扩展通信板或扩展通信模块实现串口通信和其本体上集成的 PROFINET 接口支持的 TCP 通信外，还支持 S7 通信。本任务以两台 S7-1200 PLC 之间数据传输为例，来介绍 S7-1200 PLC S7 通信的相关知识及编程应用。

知识链接

一、S7 通信概述

S7 通信是西门子 S7 系列 PLC 基于 MPI、PROFIBUS 和以太网的一种优化的通信协议，它是面向连接的协议，在进行数据交换前，必须与通信伙伴建立连接。本协议属于西门子私有协议，S7 通信服务集成在 S7 控制器中，属于 ISO 参考模型第 7 层（应用层）的服务，采用客户端-服务器原则。S7 连接属于静态连接，可以与同一个通信伙伴建立多个连接，同一时刻可以访问的通信伙伴的数量取决于 CPU 的连接资源。

连接是指两个通信伙伴之间为了执行通信服务建立的逻辑链路，而不是指两个站之间用物理媒体（例如电缆）实现的连接。S7 连接是需要组态的静态连接，静态连接要占用 CPU 的连接资源。

基于连接的通信分为单向连接和双向连接，S7-1200 PLC 仅支持 S7 单向连接。

单向连接中的客户机（Client）是向服务器（Server）请求服务的设备，客户机调用 GET/PUT 指令读、写服务器的存储区。服务器是通信中的被动方，用户不用编写服务器的 S7 通信程序，S7 通信是由服务器的操作系统完成的。因为客户机可以读、写服务器的存储区，单向连接实际上可以双向传输数据。

S7-1200 PLC 通过集成的 PROFINET 接口支持 S7 通信，由于采用单边通信方式，只要客户端调用 GET/PUT 通信指令即可。

二、S7 通信指令

在指令窗口中依次选择"通信"→"S7 通信"选项，出现 S7 通信指令列表，如图 4-3-1 所示。S7 通信指令主要包括 2 条通信指令，即 GET 指令和 PUT 指令，每个指令块被拖曳到程序工作区中时，将自动分配背景数据块，背景数据块的名称可自行修改，背景数据块的编号可以手动或自动分配。

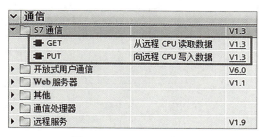

图 4-3-1　S7 通信指令

1. GET 指令

GET 指令可以从远程伙伴 CPU 读取数据。伙伴 CPU 无论处于 RUN 模式还是 STOP 模式，S7 通信都可以正常运行。表 4-3-1 对 GET 指令的相关参数进行了说明。

表 4-3-1　GET 指令

LAD/FBD	参数	数据类型	说明
%DB1 "GET_DB" GET Remote - Variant EN ENO REQ NDR ID ADDR_1 ERROR RD_1 STATUS	REQ	Bool	在上升沿时执行该指令
	ID	Word	用于指定与伙伴 CPU 连接的寻址参数
	NDR	Bool	0 表示作业尚未开始或仍在运行；1 表示作业已成功完成
	ERROR	Bool	如果上一个请求完成出错，将变为 TRUE 并保持一个周期
	STATUS	Word	错误代码
	ADDR_1	REMOTE	指向伙伴 CPU 上待读取区域的指针，指针 REMOTE 访问某个数据块时，必须始终指定该数据块，示例：P#DB10.DBX5.0 WORD 10
	ADDR_2	REMOTE	
	ADDR_3	REMOTE	
	ADDR_4	REMOTE	
	RD_1	Variant	指向本地 CPU 上用于输入已读数据的区域的指针
	RD_2	Variant	
	RD_3	Variant	
	RD_4	Variant	

2. PUT 指令

PUT 指令可以将数据写入一个远程伙伴 CPU。伙伴 CPU 无论处于 RUN 模式还是 STOP 模式，S7 通信都可以正常运行。表 4-3-2 对 PUT 指令的相关参数进行了说明。

表 4-3-2　PUT 指令

LAD/FBD	参数	数据类型	说明
%DB2 "PUT_DB" PUT Remote - Variant EN　　ENO REQ　　DONE ID　　ERROR ADDR_1 SD_1　　STATUS	REQ	Bool	在上升沿时执行该指令
	ID	Word	用于指定与伙伴 CPU 连接的寻址参数
	DONE	Bool	完成位：如果上一个请求完成且无错，将变为 TRUE 并保持一个周期
	ERROR	Bool	如果上一个请求完成出错，将变为 TRUE 并保持一个周期
	STATUS	Word	错误代码
	ADDR_1	REMOTE	指向伙伴 CPU 上用于写入数据的区域的指针，指针 REMOTE 访问某个数据块时，必须始终指定该数据块。 示例：P#DB10.DBX5.0 BYTE 10
	ADDR_2	REMOTE	
	ADDR_3	REMOTE	
	ADDR_4	REMOTE	
	SD_1	Variant	指向本地 CPU 上包含要发送数据的区域的指针
	SD_2	Variant	
	SD_3	Variant	
	SD_4	Variant	

 任务实施

一、组态 S7-1200 PLC（客户端和服务端）

打开博途软件，在 Portal 视图中，单击"创建新项目"按钮，并输入项目名称等信息，然后单击"创建"按钮即可生成新项目。

进入项目视图，在左侧的项目树中，单击"添加新设备"选项，随即弹出"添加新设备"对话框，如图 4-3-2 所示，在此对话框中选择 CPU 的型号和版本号（必须与实际设备相匹配），然后单击"确定"按钮。

在项目树中，分别选择"PLC_1 [CPU 1214C DC/DC/DC]"和"PLC_2 [CPU 1214C DC/DC/DC]"，双击"设备组态"，在"设备视图"的工作区中，选中 PLC，在其巡视窗口中的"属性"→"常规"选项卡中，选择"PROFINET 接口 [X1]"→"以太网地址"选项，然后修改 CPU 以太网的 IP 地址，如图 4-3-3 所示，其中 PLC_1 设置为"192.168.0.1"，PLC_2 设置为"192.168.0.2"。

项目四　PLC 通信功能应用

图 4-3-2　添加新设备（PLC_1 与 PLC_2 相同）

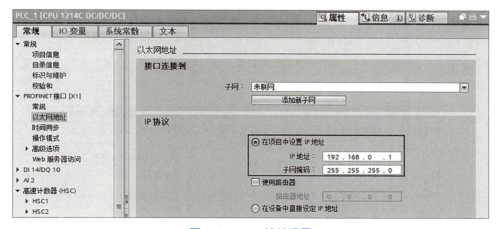

图 4-3-3　IP 地址设置

选择 PLC_1（客户端），在其巡视窗口的"属性"→"常规"选项卡中，选择"系统和时钟存储器"选项，勾选"启用时钟存储器字节"复选框，如图 4-3-4 所示。

105

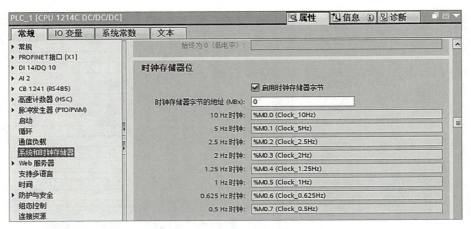

图 4-3-4　系统和时钟存储器设置

选择 PLC_2（服务端），在其巡视窗口的"属性"→"常规"选项卡中，选择"防护与安全"→"连接机制"选项，勾选"允许来自远程对象的 PUT/GET 通信访问"复选框，如图 4-3-5 所示。

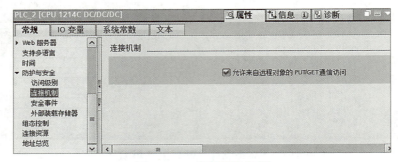

图 4-3-5　激活连接机制

在项目树中，选择"设备和网络"选项，在"网络视图"中，单击"连接"按钮，在"连接"的下拉列表中选择"S7 连接"，用鼠标点中 PLC_1 的 PROFINET 通信口的绿色小方框，然后拖曳出一条线到 PLC_2 的 PROFINET 通信口的绿色小方框上，连接就建立起来了，如图 4-3-6 所示。

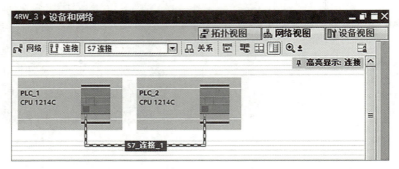

图 4-3-6　组态 S7 连接

在"网络视图"中,选择"网络数据"画面→"连接"选项卡,可以查看 S7 连接参数,如图 4-3-7 所示。

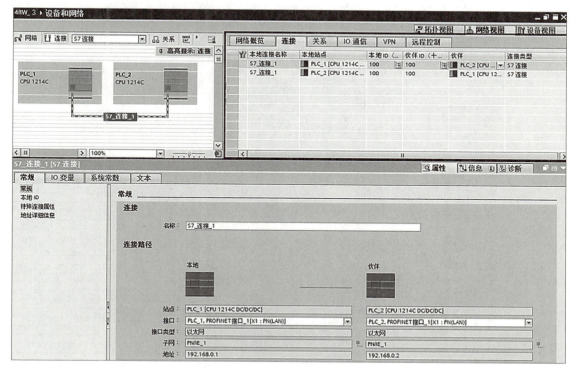

图 4-3-7　S7 连接参数

二、创建客户端 PLC 变量表

在项目树中,选择" PLC_1 [CPU 1214C DC/DC/DC]"→"PLC 变量"选项,双击"添加新变量表",并命名变量表为"PLC 变量表",在"PLC 变量表"中新建变量如图 4-3-8 所示。

	名称	数据类型	地址	保持
1	接收数据成功	Bool	%M10.1	
2	接收数据错误	Bool	%M10.2	
3	接收数据状态	Word	%MW12	
4	发送数据成功	Bool	%M20.1	
5	发送数据错误	Bool	%M20.2	
6	发送数据状态	Word	%MW22	

图 4-3-8　PLC 变量表

三、创建接收和发送数据区

(1) 在项目树中,选择"PLC_1 [CPU 1214C DC/DC/DC]"→"程序块"→"添加新块"选项,单击"数据块(DB)"创建 DB 块,数据块名称为"数据块_1",手动修改数据块编号为 10,然后单击"确定"按钮,如图 4-3-9 所示。

PLC 控制技术

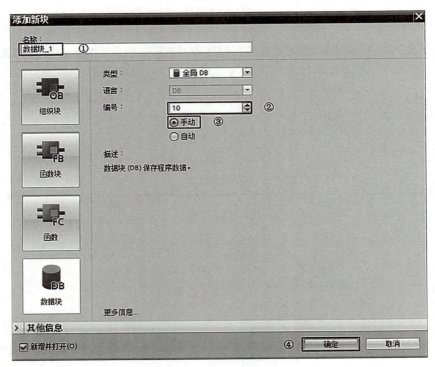

图 4-3-9 创建数据块

（2）需要在 DB 块属性中取消勾选"优化的块访问"复选框，然后单击"确定"按钮，如图 4-3-10 所示。

图 4-3-10 取消勾选"优化的块访问"复选框

（3）在 DB 块中，创建 5 个字的数组用于存放接收数据，再创建 5 个字的数组用于存放发送数据，如图 4-3-11 所示。

数据块_1

	名称	数据类型	偏移量	起始值	保持
1	▼ Static				
2	▼ 接收数据区	Array[0..4] of Word	0.0		
3	接收数据区[0]	Word	0.0	16#0	
4	接收数据区[1]	Word	2.0	16#0	
5	接收数据区[2]	Word	4.0	16#0	
6	接收数据区[3]	Word	6.0	16#0	
7	接收数据区[4]	Word	8.0	16#0	
8	▼ 发送数据区	Array[0..4] of Word	10.0		
9	发送数据区[0]	Word	10.0	16#0	
10	发送数据区[1]	Word	12.0	16#0	
11	发送数据区[2]	Word	14.0	16#0	
12	发送数据区[3]	Word	16.0	16#0	
13	发送数据区[4]	Word	18.0	16#0	

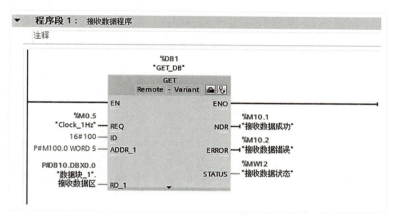

图 4-3-11　数据发送和接收区

四、编写程序

1. GET 指令程序

GET 指令程序如图 4-3-12 所示。

图 4-3-12　GET 指令程序

参数说明：

（1） REQ 输入引脚为时钟存储器 M0.5，上升沿时指令执行。

（2） ID 输入引脚为连接 ID，要与连接配置中一致，为 16#100。

（3） ADDR_1 输入引脚为发送到通信伙伴数据区的地址。

（4） RD_1 输入引脚为本地接收数据区。

2. PUT 指令程序

PUT 指令程序如图 4-3-13 所示。

参数说明：

（1） REQ 输入引脚为时钟存储器 M0.5，上升沿时指令执行。

（2） ID 输入引脚为连接 ID，要与连接配置中一致，为 16#100。

（3） ADDR_1 输入引脚为从通信伙伴数据区读取数据的地址。

（4） SD_1 输入引脚为本地发送数据地址。

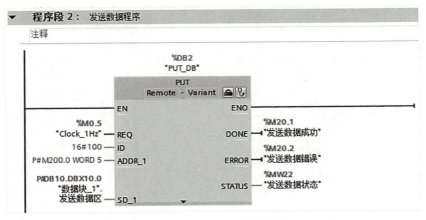

图 4-3-13　PUT 指令程序

五、程序测试

程序编译后，下载到 S7-1200 PLC CPU 中，通过监控表监控通信数据，监控表如图 4-3-14 和图 4-3-15 所示。

4RW_3 ▸ PLC_1 [CPU 1214C DC/DC/DC] ▸ 监控与强制表 ▸ PLC监控表

	i	名称	地址	显示格式	监视值	修改值	⚡	注释
1		"数据块_1".接收数据区[0]	%DB10.DBW0	十六进制	16#1210		☐	
2		"数据块_1".接收数据区[1]	%DB10.DBW2	十六进制	16#1211		☐	
3		"数据块_1".接收数据区[2]	%DB10.DBW4	十六进制	16#1212		☐	
4		"数据块_1".接收数据区[3]	%DB10.DBW6	十六进制	16#1213		☐	
5		"数据块_1".接收数据区[4]	%DB10.DBW8	十六进制	16#1214		☐	
6		"数据块_1".发送数据区[0]	%DB10.DBW10	十六进制	16#1310	16#1310	☑ ⚠	
7		"数据块_1".发送数据区[1]	%DB10.DBW12	十六进制	16#1320	16#1320	☑ ⚠	
8		"数据块_1".发送数据区[2]	%DB10.DBW14	十六进制	16#1330	16#1330	☑ ⚠	
9		"数据块_1".发送数据区[3]	%DB10.DBW16	十六进制	16#1340	16#1340	☑ ⚠	
10		"数据块_1".发送数据区[4]	%DB10.DBW18	十六进制	16#1350	16#1350	☑ ⚠	

图 4-3-14　客户端监控表

4RW_3 ▸ PLC_2 [CPU 1214C DC/DC/DC] ▸ 监控与强制表 ▸ PLC监控表

	i	名称	地址	显示格式	监视值	修改值	⚡	注释
1			%MW100	十六进制	16#1210	16#1210	☑ ⚠	
2			%MW102	十六进制	16#1211	16#1211	☑ ⚠	
3			%MW104	十六进制	16#1212	16#1212	☑ ⚠	
4			%MW106	十六进制	16#1213	16#1213	☑ ⚠	
5			%MW108	十六进制	16#1214	16#1214	☑ ⚠	
6			%MW200	十六进制	16#1310		☐	
7			%MW202	十六进制	16#1320		☐	
8			%MW204	十六进制	16#1330		☐	
9			%MW206	十六进制	16#1340		☐	
10			%MW208	十六进制	16#1350		☐	

图 4-3-15　服务端监控表

项目四 PLC 通信功能应用

任务评价

考核项目	考核内容及要求	分值	学生自评（A）	小组评分（B）	教师评分（C）	评价得分（A×20%+B×30%+C×50%）
硬件选型（20分）	知识点	10				
	I/O 地址分配表	5				
	硬件接线	5				
程序设计（25分）	知识点	10				
	梯形图程序	10				
	程序调试	5				
调试与维护（25分）	系统调试	10				
	系统运行效果	5				
	故障分析与处理	10				
团队合作（8分）	沟通能力	3				
	协调能力	3				
	组织能力	2				
安全文明生产（9分）	遵守纪律	3				
	安全用电	3				
	工具使用	3				
完成时间（3分）	线路制作	1				
	软件编程	1				
	系统调试	1				
其他评价（10分）	课堂互动	5				
	进阶扩展	5				
总分						

项目小结

本项目通过三个任务，分别介绍了 S7-1200 PLC 的 MODBUS RTU、MODBUS TCP 和 S7 三种常用的通信方式，在任务分析到任务实施的全过程，完成了通信连接组态方法及程序编制。

巩固练习

1. 工业网络与办公网络各有什么特点？
2. 以太网应用于工业现场需要解决哪些问题？
3. 试阐述 MODBUS TCP 与 MODBUS RTU 协议的区别与联系？
4. 设计一个控制系统，满足两台 S7-1200 PLC 进行 MODBUS TCP 通信时，主站能读取从站 I0.0~I0.7 的状态。

项目五 PLC 模拟量扩展模块应用

项目引入

在自动化控制和工业生产过程中,特别是在连续型的过程控制中,经常需要对模拟量信号进行处理,PLC 通过模拟量输入模块读取温度、压力、流量等信号,通过模拟量输出模块对阀门、变频器等设备进行控制。

本项目主要通过两个任务,来介绍 S7-1200 PLC 模拟量模块的相关知识及编程应用。

学习目标

■ 知识目标
- 熟悉 PLC 模拟量模块的分类和用途;
- 掌握标准化指令、缩放指令和 PID 指令的编程及应用。

■ 能力目标
- 掌握模拟量输入/输出模块 SM1234 的组态、硬件接线和使用方法;
- 能够通过 PID 参数整定,完成任务要求;(1+X 技能)
- 能够使用图形化数据优化 PID 参数。(1+X 技能)

■ 素质目标
- 通过学习新技术培养学生对科技的探索精神;
- 通过学习获取资料和帮助的方法培养学生自主学习能力。

任务 1 温度传感器测量值转换控制

任务导入

一啤酒发酵车间需对发酵温度进行监测,现通过温度传感器将采集的温度发送给 S7-1200 PLC。要求选用两线制温度传感器,模拟量输出为 4~20 mA,对应 0~50 ℃的量程,结合 SM1234 模拟量输入输出模块,将温度测量值进行转换。

任务分析

SF-1200 PLC 要采集传感器数值，除了使用 MODBUS 通信（项目四任务 1）的方式外，还可利用模拟量模块来进行采集。本任务以温度传感器配合模拟量模块为例，来介绍 S7-1200 PLC 模拟量模块的相关知识及编程应用。

 知识链接

一、模拟量模块概述

1. 模拟量模块的类型

S7-1200 PLC 模拟量模块包括模拟量输入模块、模拟量输出模块和模拟量输入输出模块。模拟量输入模块支持电压、电流、热电阻和热电偶等信号类型，模拟量输出模块支持电压和电流的信号类型，模拟量模块类型如表 5-1-1 所示。

表 5-1-1 模拟量模块类型

型号	具体内容
SM1231	SM1231 模拟量输入模块 4AI，13 位分辨率
	SM1231 模拟量输入模块 4AI，16 位分辨率
	SM1231 模拟量输入模块 8AI，13 位分辨率
	SM1231 热电阻模块 4RTD，16 位分辨率
	SM1231 热电偶模块 4TC，16 位分辨率
	SM1231 热电阻模块 8RTD，16 位分辨率
	SM1231 热电偶模块 8TC，16 位分辨率
SM1232	SM1232 模拟量输出模块 2AQ，14 位分辨率
	SM1232 模拟量输出模块 4AQ，14 位分辨率
SM1234	SM1234 模拟量输入输出模块，4AI/2AQ

2. 模拟量模块的主要技术参数

模拟量模块的转换量程范围：

（1）模拟量模块输入信号为 0~10 V、0~20 mA 和 4~20 mA 时，转换量程范围为 0~27 648；

（2）模拟量模块输入信号为 -10~10 V、-5~5 V 和 -2.5~2.5 V 时，转换量程范围为 -27 648~27 648。

3. 分辨率及模拟值

分辨率是 A/D 转换芯片的转换精度，模拟值用二进制补码表示，宽度为 16 位，最高位是符号位。模拟量模块的精度最高位为 15 位，如果少于 15 位，则模拟值左移调整，然后再保存到模块中，未用的低位填入"0"。若模拟值的精度为 12 位加符号位，左移 3 位后未使用的低位（第 0~2 位）为"0"，相当于实际的模拟值被乘以 8，如表 5-1-2 所示。表 5-1-3 列出了 ±10~±2.5 V 电压模拟值的表示，表 5-1-4 列出了 0~20 mA 和 4~20 mA 电流模拟值的表示。

表 5-1-2 数字化模拟值表

分辨率	模拟值															
位	15	14	13	12	11	10	9	8	7	6	5	4	3	2	1	0
位值	2^{15}	2^{14}	2^{13}	2^{12}	2^{11}	2^{10}	2^9	2^8	2^7	2^6	2^5	2^4	2^3	2^2	2^1	2^0
16 位	0	1	0	0	0	1	1	0	0	1	0	1	1	1	1	1
12 位	0	1	0	0	0	1	1	0	0	1	0	1	1	0	0	0

表 5-1-3 ±10~±2.5 V 电压模拟值的表示

范围	范围	范围	测量范围	测量范围	测量范围	范围
百分比	十进制	十六进制	±10 V	±5 V	±2.5 V	
118.515%	32 767	7FFF	11.851 V	5.926 V	2.963 V	上溢
117.593%	32 512	7F00				
117.589%	32 511	7EFF	11.759 V	5.879 V	2.940 V	过冲范围
	27 649	6C01				
100.000%	27 648	6C00	10 V	5 V	2.5 V	
75.000%	20 736	5 100	7.5 V	3.75 V	1.875 V	
0.003 617%	1	1	361.7 μV	180.8 μV	90.4 μV	正常范围
0%	0	0	0 V	0 V	0 V	
-0.003 617%	-1	FFFF	-361.7 μV	-180.8 μV	-90.4 μV	
-75.000%	-20 736	AF00	-7.5 V	-3.75 V	-1.875 V	
-100.000%	-27 648	9 400	-10 V	-5 V	-2.5 V	
	-27 649	93FF				
-117.589%	-32 511	8 100	-11.759 V	-5.879 V	-2.940 V	下冲范围
-117.593%	-32 512	80FF				
-118.515%	-32 767	8 000	-11.851 V	-5.926 V	-2.963 V	下溢

表 5-1-4 0~20 mA 和 4~20 mA 电流模拟值的表示

系统	系统	系统	测量范围	测量范围	范围
百分比	十进制	十六进制	0~20 mA	4~20 mA	
118.515%	32 767	7FFF	23.70 mA	22.96 mA	上溢
117.593%	32 512	7F00			

续表

系统			测量范围		范围
百分比	十进制	十六进制	0~20 mA	4~20 mA	
117.589%	32 511	7EFF	23.52 mA	22.81 mA	过冲范围
	27 649	6C01			
100.000%	27 648	6C00	20 mA	20 mA	正常范围
75.000%	20 736	5 100	15 mA	16 mA	
	1	1	723.4 nA	4 mA+578.7 nA	
0%	0	0	0 mA	4 mA	
	−1	FFFF			下冲范围
	−4 864	8 100		1.185 mA	
	−4 865	80FF			下溢
−118.519%	−32 768	8 000			

4. 模拟量模块的地址分配

模拟量模块以通道为单位，一个通道占一个字（2个字节）的地址，所以在模拟量地址中只有偶数。S7-1200 PLC 的模拟量模块的系统默认地址为 I/QW96~I/QW222。一个模拟量最多有 8 个通道，从 96 号字节块开始，S7-1200 PLC 给每一个模拟量模块分配 16 B（8 个字）的地址。N 号槽的模拟量模块的起始地址为 $(N-2) \times 16 + 96$，其中 N 大于等于 2。集成的模拟量输入/输出系统默认地址是 I/QW64、I/QW66；信号板上的模拟量输入/输出系统默认地址是 I/QW80。

模拟量输入地址的标识符是 IW，模拟量输出地址的标识符是 QW。

二、相关指令

1. SCALE_X（缩放）指令

SCALE_X 指令将浮点数输入参数 VALUE（$0.0 \leqslant VALUE \leqslant 1.0$）线性转换（映射）为参数 MIN（下限）和 MAX（上限）定义范围之间的数值。转换结果用 OUT 指定的地址保存。SCALE_X（缩放）指令说明如表 5-1-5 所示。

表 5-1-5 SCALE_X 指令说明

LAD/FBD	线性关系	说明
SCALE_X ??? to ??? EN ENO <???> — MIN OUT — <???> <???> — VALUE <???> — MAX	MAX、OUT、MIN 与 VALUE 的线性关系图（0.0 至 1.0）	单击指令方框内指令名称下面的问号，用下拉式列表设置变量的数据类型。参数 MIN、MAX 和 OUT 数据类型应相同，可以是整数、浮点数，也可以是常数，参数 VALUE 的数据类型为浮点数。 输入、输出之间的线性关系： OUT= VALUE×(MAX− MIN) + MIN

2. NORM_X（标准化）指令

标准化指令（NORM_X）将整数输入参数 VALUE（MIN≤VALUE≤MAX）线性转换（标准化，或称归一化）为 0.0~1.0 之间的浮点数，转换结果用 OUT 指定的地址保存。NORM_X 指令说明如表 5-1-6 所示。

表 5-1-6 NORM_X 指令说明

LAD/FBD	线性关系	说明
NORM_X ??? to ??? EN ENO <???>—MIN OUT—<???> <???>—VALUE <???>—MAX	（图示：OUT 随 VALUE 在 MIN 到 MAX 之间从 0.0 线性变化到 1.0）	单击指令方框内指令名称下面的问号，用下拉式列表设置输入 VALUE 和输出 OUT 的数据类型，OUT 的数据类型为浮点数。输入参数 MIN、MAX 和 VALUE 的数据类型应相同，可以是整数、浮点数，也可以是常数。 输入、输出之间的线性关系： OUT=（VALUE - MIN）/（MAX-MIN）

任务实施

一、硬件接线

两线制模拟量输入接线图如图 5-1-1 所示，三线制模拟量输入接线图如图 5-1-2 所示。

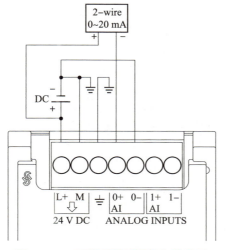

图 5-1-1 两线制模拟量输入接线图

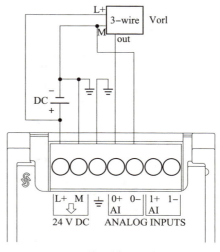

图 5-1-2 三线制模拟量输入接线图

如图 5-1-3 所示，完成相应硬件安装与接线，本任务选用的模拟量信号模块为 SM1234。

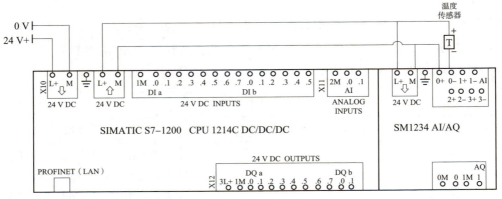

图 5-1-3 PLC 接线图

二、程序编写

1. 硬件组态

打开博途软件，在 Portal 视图中，选择"创建新项目"选项，输入项目名称等信息，然后单击"创建"按钮即可生成新项目。

进入项目视图，在左侧的项目树中，双击"添加新设备"选项，随即弹出"添加新设备"对话框，如图 5-1-4 所示。在此对话框中选择 CPU 的型号和版本号，然后单击"确定"按钮。

图 5-1-4 添加新设备

在项目树中，选择"PLC_1［CPU 1214C DC/DC/DC］"选项，双击"设备组态"，在"设备视图"的工作区中，选中 PLC_1，在其巡视窗口中的"属性"→"常规"选项卡中，选择"PROFINET 接口［X1］"→"以太网地址"选项，然后修改 CPU 以太网的 IP 地址，如图 5-1-5 所示。

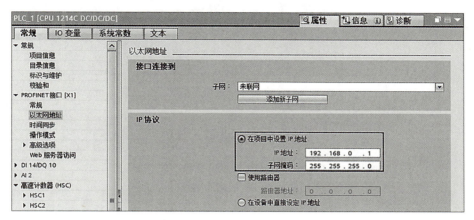

图 5-1-5 以太网 IP 地址设置

接下来组态模拟量信号模块。在项目树中，选择"PLC_1［CPU 1214C DC/DC/DC］"选项，双击"设备组态"，在"硬件目录"选项卡中选择"AI/AQ"→"AI 4×13BIT/AQ 2×14BIT"→"6ES7 234-4HE32-0XB0"选项，拖曳此模块至 CPU 插槽 2 即可，如图 5-1-6 所示。

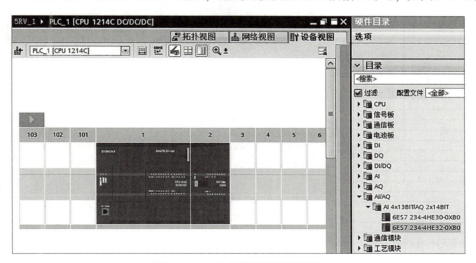

图 5-1-6 组态模拟量信号模块

在"设备视图"的工作区中，选中模拟量信号模块，在其巡视窗口的"属性"→"常规"选项卡中，选择"AI4/AQ2"→"模拟量输入"→"通道 0"选项，配置通道 0 参数，如图 5-1-7 所示。说明：温度传感器连接模拟量输入通道 0，通道地址为 IW96。

在项目树中，选择"PLC_1［CPU 1214C DC/DC/DC］"→"PLC 变量"选项，双击"添加新变量表"，并命名为"PLC 变量表"，在"PLC 变量表"中新建变量，结果如图 5-1-8 所示。

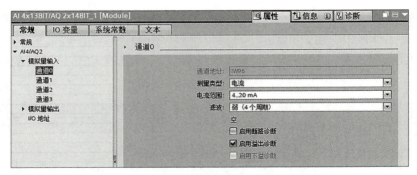

图 5-1-7 设置模拟量信号模块参数

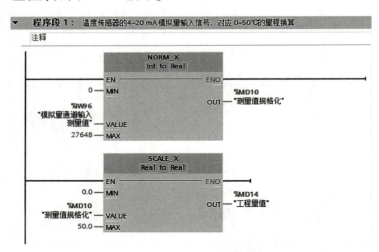

图 5-1-8 PLC 变量表

2. 编写程序

编写的 OB1 主程序如图 5-1-9 所示。

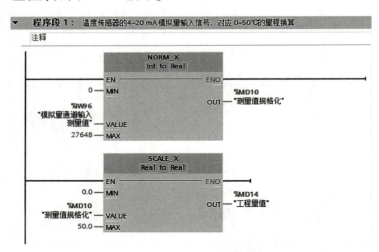

图 5-1-9 OB1 主程序

三、程序测试

通过程序进行转换控制监测，转换监控表如图 5-1-10 所示。

图 5-1-10 转换监控表

任务评价

考核项目	考核内容及要求	分值	学生自评 (A)	小组评分 (B)	教师评分 (C)	评价得分 (A×20%+B×30%+C×50%)
硬件选型 (20分)	知识点	10				
	I/O 地址分配表	5				
	硬件接线	5				
程序设计 (25分)	知识点	10				
	梯形图程序	10				
	程序调试	5				
调试与维护 (25分)	系统调试	10				
	系统运行效果	5				
	故障分析与处理	10				
团队合作 (8分)	沟通能力	3				
	协调能力	3				
	组织能力	2				
安全文明生产 (9分)	遵守纪律	3				
	安全用电	3				
	工具使用	3				
完成时间 (3分)	线路制作	1				
	软件编程	1				
	系统调试	1				
其他评价 (10分)	课堂互动	5				
	进阶扩展	5				
总分						

任务 2　恒压供水的 PID 控制

任务导入

通过 PID 控制算法实现恒压供水真实项目简化，制作一套简易恒压供水设备。

任务分析

恒压供水系统是一种供水水压持续恒定的供水系统，其核心是算法。本任务以压力传感器、PLC 和变频器作为中心控制装置，通过 PID 算法来实现恒压控制。

知识链接

一、PID 控制概述

1. PID 控制算法

在工业过程控制中，将被控对象的实时数据采集信息与给定值比较产生的误差进行比例、积分和微分调节的控制系统，简称 PID 控制系统，如图 5-2-1 所示。它在控制回路中连续检测被控变量的实际测量值，并将其与期望设定值进行比较，使用生成的控制偏差来计算控制器的输出，以尽可能快速平稳地将被控对象调整到设定值。

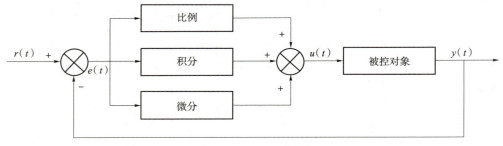

图 5-2-1　PID 系统图

PID 控制的基本原理就是利用传感器从被控对象得到测量值，将测量值与设定值进行比较，得到偏差，使用比例、积分、微分调节，进而来控制执行机构，最终达到控制被控对象输出的目的。

其中，比例控制系统（P）的响应具有快速性，快速作用于输出，好比"现在"，如果通过"P"分量计算，则输出值与设定值和过程值（输入值）之差成比例。

积分控制系统（I）的准确性，可消除过去的累积误差，好比"过去"，如果通过"I"分量计算，则输出值与设定值和过程值（输入值）之差的持续时间成比例增加，以最终校正该差值。

微分控制系统（D）的稳定性，具有超前控制作用，好比"未来"，如果通过"D"分量计算，输出值与设定值和过程值（输入值）之差的变化率成函数关系，并随该差值的变化加快而增大，从而根据设定值尽快校正输出值。

2. PID 控制器的参数整定

PID 控制器的参数整定是根据被控过程的特性来确定 PID 控制器的比例系数、积分时间和微分时间的大小。PID 控制器参数的工程整定方法,主要有临界比例法、反应曲线法和衰减法。三种方法的共同点都是通过试验,然后按照工程经验公式对控制器参数进行整定。现在一般采用的是临界比例法。

PID 调试一般步骤如下:

(1) 预选择一个足够短的采样周期使系统工作;

(2) 确定比例增益 P;

(3) 确定积分时间常数 T_I;

(4) 确定微分时间常数 T_D;

(5) 系统空载、带载联调,再对 PID 参数进行微调,直至满足要求。

二、相关指令

1. PID_Compact 指令

PID_Compact 指令提供了一种集成了调节功能的通用 PID 控制器,具有抗积分饱和功能,并且能够对比例作用和微分作用进行加权运算。需要在时间中断 OB 块中调用 PID_Compact 指令,如表 5-2-1 所示。

表 5-2-1 PID_Compact 指令说明

LAD/FBD	参数	数据类型	说明
	Setpoint	Real	自动模式下的设定值
	Input	Real	用户程序的变量用作过程值的源
	Input_PER	Word	模拟量输入用作过程值的源
	Disturbance	Real	扰动变量或预控制值
	ManualEnable	Bool	0→1 上升沿时激活"手动模式";1→0 下降沿时激活由 Mode 指定的工作模式
	ManualValue	Real	手动模式下的输出值
	ErrorAck	Bool	0→1 上升沿时将复位 ErrorBits 和 Warning
	Reset	Bool	重新启动控制器
	ModeActivate	Bool	0→1 上升沿时将切换到保存在 Mode 参数中的工作模式
	Mode	Int	指定 PID_Compact 将转换的工作模式: Mode=0:未激活; Mode=1:预调节; Mode=2:精确调节; Mode=3:自动模式; Mode=4:手动模式

说明:PID 控制器使用以下公式来计算 PID_Compact 指令的输出值。

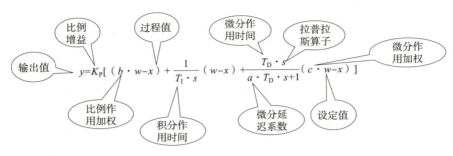

2. CONV 指令

转换指令（CONV）用于将数据元素从一种数据类型转换为另一种数据类型。CONV 指令参数说明如表 5-2-2 所示。

表 5-2-2　CONV 指令说明

LAD/FBD	参数	数据类型	说明
CONV ??? to ??? EN ENO IN OUT	IN	SInt, USInt, Int, UInt, DInt, UDInt, Real, LReal, BCD16, BCD32	输入值
	OUT	SInt, USInt, Int, UInt, DInt, UDInt, Real, LReal, BCD16, BCD32	转换为新数据类型

3. CALCULATE 指令

在西门子 S7-1200 PLC 中，经常会使用加、减、乘、除来进行数据的运算，如果参与计算的数据类型只是一种，则可以使用 CALCULATE 指令进行运算；为简化指令内容，该指令可通过自己编写的算法公式执行运算操作。表 5-2-3 对 CALCULATE 指令参数进行了说明。

表 5-2-3　CALCULATE 指令说明

LAD/FBD	参数	数据类型	说明
CALCULATE ??? EN OUT IN1 IN2	IN （多输入）	Int, USInt, SInt, UInt, DInt, UDInt, Real, LReal, Byte, Word, DWord	输入值
	OUT	Int, USInt, SInt, UInt, DInt, UDInt, Real, LReal, Byte, Word, DWord	计算值

任务实施

一、I/O 地址分配

按照本任务要求完成 I/O 地址分配表，如表 5-2-4 所示。

表 5-2-4　I/O 地址分配表

输入			输出		
符号	地址	功能	符号	地址	功能
SB1	M2.0	启动	模拟量	QW256	控制字 1
模拟量	IW98	压力表输入	模拟量	QW258	转速设定值

二、硬件接线

如图 5-2-2 所示，完成相应硬件安装与接线。

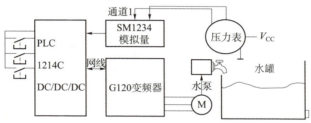

图 5-2-2　恒压供水示意接线图

三、项目创建及组态

分别添加 PLC 和模拟量模块，步骤同项目五任务 1。

1. 添加变频器

（1）添加驱动设备，添加控制单元。单击"驱动器和启动器"→"SINAMCS 驱动"→"SINAMCS G120"→"控制单元"→"CU240E-2 PN"选项，添加该设备，如图 5-2-3 所示。

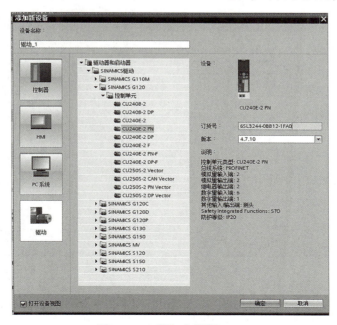

图 5-2-3　添加变频器（1）

G120 变频器

（2）添加功率单元。单击"功率单元"→"PM240"→"FSA"→"IP20 U 400V 1.5kW"选项，添加该设备，如图 5-2-4 所示。

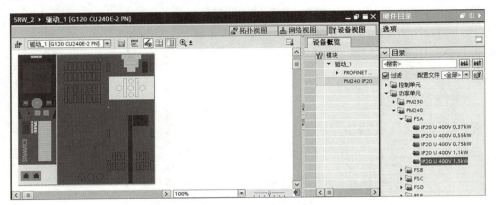

图 5-2-4　添加变频器（2）

2. PID 组态及调节

（1）在项目树中，选择"PLC_1 ［CPU 1214C DC/DC/DC］"→"程序块"，双击"添加新块"，选择"Cyclic interrupt"选项，将"循环时间（ms）"设定为 500 ms，然后单击"确定"按钮，如图 5-2-5 所示。该循环中断时间即为 PID 的采样时间。

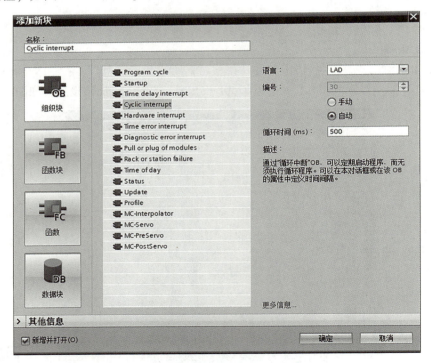

图 5-2-5　添加循环中断程序块

（2）在"指令"选项卡的"工艺"→"PID 控制"→"Compact PID"下找到"PID_Compact"指令，如图 5-2-6 所示，将其拉入循环中断程序中。

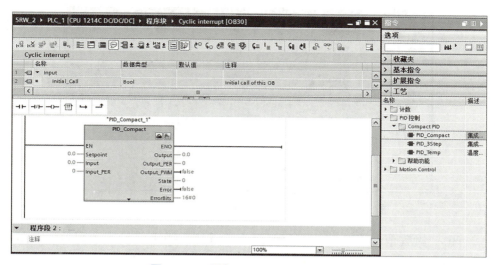

图 5-2-6 添加 PID_Compact_1 指令

（3）单击图 5-2-7 所指示的地方打开组态编辑器，进入组态编辑。

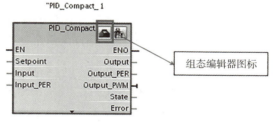

图 5-2-7 组态编辑方法

说明：可勾选"CPU 重启后激活 Mode"复选框，可在此处设置 Mode，如图 5-2-8 所示。

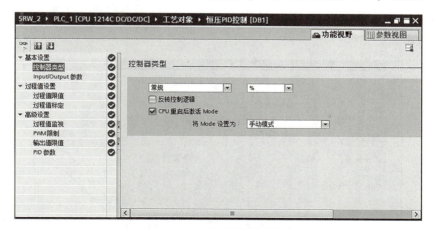

图 5-2-8 控制器类型设置

（4）单击"基本设置"→"Input/Output 参数"选项，弹出"Input/Output"参数对话框，进行基本输入输出参数设定，输入值、输出值配置。"Input/Output 参数"对话框如图 5-2-9 所示。

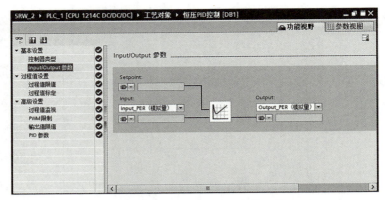

图 5-2-9　Input/Output 参数设置

（5）单击"过程值设置"→"过程值限值"选项，弹出"过程值限值"对话框，如图 5-2-10 所示。

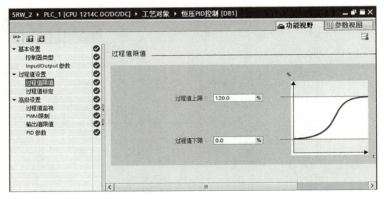

图 5-2-10　过程值限值设置

（6）单击"过程值设置"→"过程值标定"选项，弹出"过程值标定"对话框，如图 5-2-11 所示。

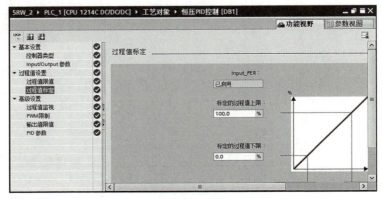

图 5-2-11　过程值标定设置

（7）单击"高级设置"→"PID 参数"选项，弹出"PID 参数"对话框，如图 5-2-12 所示。

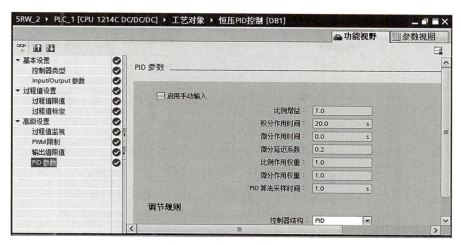

图 5-2-12　PID 参数设置

说明：在 PID 参数设置时，首先进行预调节，PID 控制器会输出一个阶跃信号，确定对输出值跳变的过程响应，并搜索拐点，根据受控系统的最大上升速率与死区时间计算 PID 参数。

经过预调节后，如果得到的自整定参数效果不佳，需要进行精确调节。精确调节使过程值出现幅值恒定有限的振荡，根据振荡的幅度和频率确定 PID 参数。

精确调节通常比预调节得到的 PID 参数具有更好的主控与扰动特性，可以在执行预调节和精确调节后获得较佳 PID 参数。PID_Compact 指令将自动尝试生成大于过程值噪声的振荡。过程值的稳定性对精确调节的影响非常小。

设置参数完成后的效果如图 5-2-13 所示。

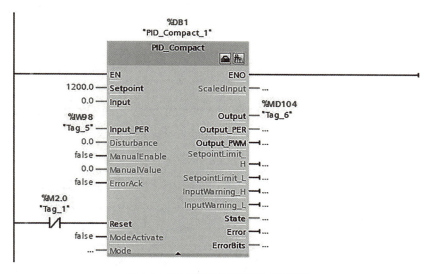

图 5-2-13　设置参数完成后的效果

四、程序编写

该任务的 PLC 程序如图 5-2-14 所示。

PLC 控制技术

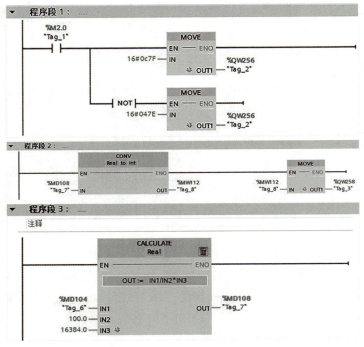

图 5-2-14　PLC 程序

五、精确调节 PID 参数

在项目树中，选择 " PLC_1 [CPU 1214C DC/DC/DC] " → "工艺对象" → "PID_Compact_1" 选项，双击 "调试"，进入 PID 调试测量界面，如图 5-2-15 所示，完成后效果如图 5-2-16 所示。

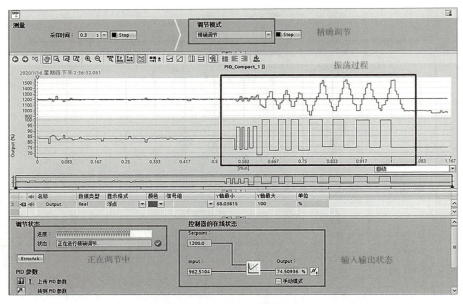

图 5-2-15　PID 精确调节过程

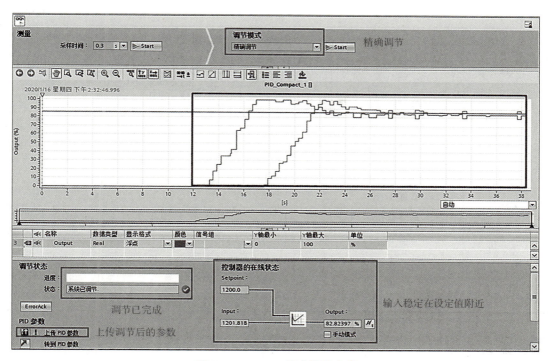

图 5-2-16　PID 精确调节完成

任务评价

考核项目	考核内容及要求	分值	学生自评（A）	小组评分（B）	教师评分（C）	评价得分（A×20%+B×30%+C×50%）
硬件选型（20分）	知识点	10				
	I/O 地址分配表	5				
	硬件接线	5				
程序设计（25分）	知识点	10				
	梯形图程序	10				
	程序调试	5				
调试与维护（25分）	系统调试	10				
	系统运行效果	5				
	故障分析与处理	10				
团队合作（8分）	沟通能力	3				
	协调能力	3				
	组织能力	2				

131

续表

考核项目	考核内容及要求	分值	学生自评 (A)	小组评分 (B)	教师评分 (C)	评价得分 (A×20%+B×30%+C×50%)
安全文明生产 (9分)	遵守纪律	3				
	安全用电	3				
	工具使用	3				
完成时间 (3分)	线路制作	1				
	软件编程	1				
	系统调试	1				
其他评价 (10分)	课堂互动	5				
	进阶扩展	5				
总分						

项目小结

本项目通过两个任务，分别介绍了 S7-1200 PLC 的模拟量模块的应用，在任务分析到任务实施的全过程，完成了模拟量模块、PID 控制模块的组态方法及程序编制。

巩固练习

1. PID 控制的基本原理是什么？
2. PID 参数整定的方法有哪些？
3. PID 调试的一般步骤是什么？

项目六 传送带分拣系统综合应用

项目引入

传送带分拣模型是实际工业现场生产设备的微缩模型，是工业自动化领域中的典型环节，涉及 PLC 逻辑控制、PLC 运动控制、气动、传感器、电机拖动等技术。本项目通过底座来料控制、物料分拣控制、滑台控制、物料入库控制等 4 个实训任务，介绍如何综合运用 PLC 控制技术实现物料的传送、分拣、入库、装配等功能。

学习目标

■ **知识目标**
- 了解光电传感器的工作原理；
- 了解步进电动机的工作原理与控制方式；
- 熟悉模拟量控制 G120 变频器原理。

■ **能力目标**
- 熟悉步进驱动器的接线与设置；(1+X 技能)
- 掌握传感器的接线方式；(1+X 技能)
- 掌握模拟量控制 G120 变频器方法；(1+X 技能)
- 掌握 PTO 运动控制常用指令；(1+X 技能)
- 掌握 PLC 程序重要编写方法——步进法。

■ **素质目标**
- 规范操作，强化安全意识；
- 培养严谨细致、精益求精的工匠精神；
- 培养条分缕析层层递进的科学思维。

任务1 底座来料控制

任务导入

项目二中,我们学习了电动机的点动控制、连续控制以及正反转控制,对电动机的控制有了比较深入的了解。这些控制方式都难以比较精准地控制电动机的转速。工业控制中,往往对电动机的转速有较高的要求,本任务要求传送带(三相交流异步电动机)将料仓推出的物料匀速运至装配台取料口,以确保后续分拣无误。

任务分析

系统启动后,皮带料仓有料时,由皮带料仓气缸周期性地将物料(底座)推出,并由主输送皮带匀速运至装配台取料口。皮带料仓有无料可通过一个反射式的光电传感器进行检测。皮带料仓气缸的伸缩是通过皮带料仓电磁阀通断电改变气路进行控制的,由磁性开关进行位置反馈。主输送皮带的平稳运行则利用变频器控制三相交流异步电动机实现。

知识链接

气缸动作仿真

一、气缸与电磁阀

1. 气缸

气缸如图 6-1-1 所示。气缸的正确运动使物料到达相应的位置,只要交换进、出气的方向(由电磁阀实现)就能改变气缸的伸出、缩回运动,气缸两侧的磁性开关可以识别气缸是否已经运动到位。

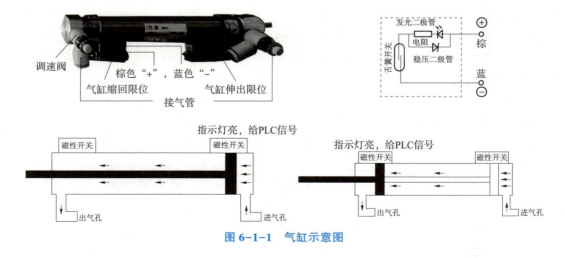

图 6-1-1 气缸示意图

2. 磁性传感器

磁性传感器是利用磁场变化对舌簧开关产生通断的原理，于是就产生了开关信号，由于其体积小巧，常用在气缸上，用于检测气缸是否到位。磁性传感器适用于气动、液动、气缸和活塞泵的位置测定方面，亦可作限位开关使用，当磁性目标接近时，舌簧闭合信号经放大后输出开关信号。磁性传感器与电感传感器相比较有以下的优点：能安装在金属中，可并排紧密安装，可穿过金属进行检测；其检测的距离随检测体磁场的强弱变化而变化。但磁性传感器不适合强烈震动的场合。

3. 单向电磁阀

单向电磁阀如图 6-1-2 所示，通过对电磁阀驱动线圈通、断电，改变阀芯位置，从而改变气动接头的进、出气方向，用以控制气缸的伸出、缩回运动。

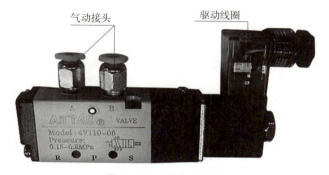

图 6-1-2　单向电磁阀

变频器演示

二、变频器

变频器（Variable Frequency Drive，VFD）是应用变频技术与微电子技术，通过改变电动机电源频率方式来控制交流电动机的电力控制设备。改变电源频率即可改变电动机的同步速度，模拟量控制变频器可以连续、平滑地调节交流异步电动机的转速。

任务实施

一、I/O 地址分配

根据本任务的要求，完成的 I/O 地址分配表如表 6-1-1 所示。

表 6-1-1　I/O 地址分配表

输入 I		输出 Q	
启动按钮	I0.0	皮带料仓气缸	Q0.0
停止按钮	I0.1	变频器使能	Q0.1
皮带料仓检测	I0.2		
皮带料仓气缸前限	I0.3		

续表

输入 I		输出 Q	
皮带料仓气缸后限	I0.4		
装配台取料口检测	I0.5		

二、硬件接线

硬件接线如图 6-1-3 所示。

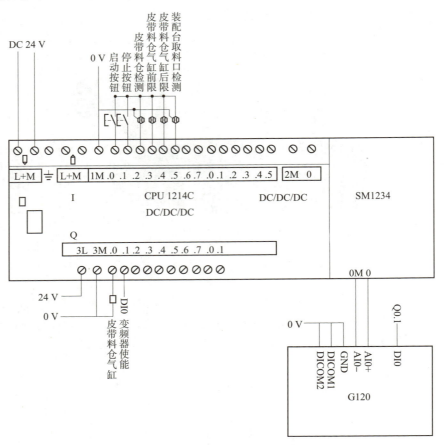

图 6-1-3 硬件接线图

三、创建工程项目

双击桌面上的博途编程软件图标,在 Portal 视图中单击"创建新项目"选项,更改项目名称为"传送带分拣系统控制",如图 6-1-4 所示,选择保持位置,然后单击"创建"按钮完成项目创建。

1. 硬件组态

单击左下角的"项目视图"链接,进入项目视图,在项目树中双击"添加新设备",然后单击"控制器"→"CPU 1214C DC/DC/DC"→核对订货号及版本→单击"确定"按钮

项目六 传送带分拣系统综合应用

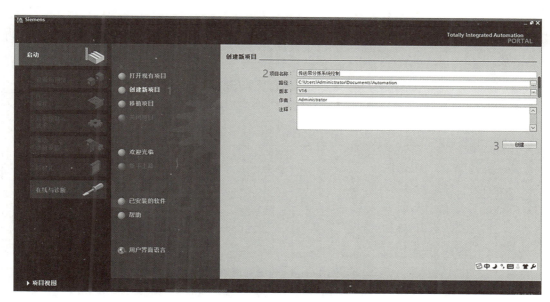

图 6-1-4 创建新项目

转入设备视图。从右侧"硬件目录"选项卡中选取 AI/AQ 模块，并对 CPU 和模拟量模块相关参数进行配置，如图 6-1-5 所示。

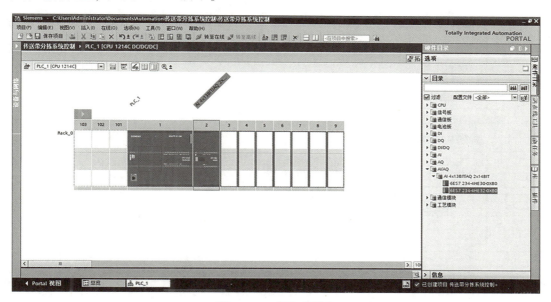

图 6-1-5 添加新设备

2. 变量表设置

打开项目树，在 PLC 变量文件夹中，添加新变量表"传送带分拣控制"，双击进入后按 I/O 地址分配表录入相关变量，如图 6-1-6 所示。

3. 编写程序

传送带分拣程序如图 6-1-7 所示。

137

PLC 控制技术

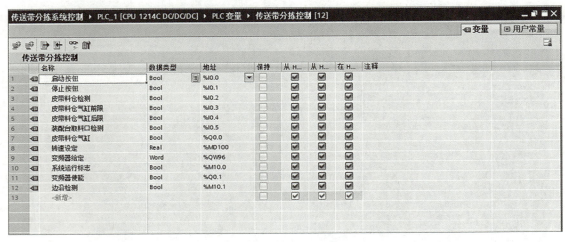

图 6-1-6　设置变量表

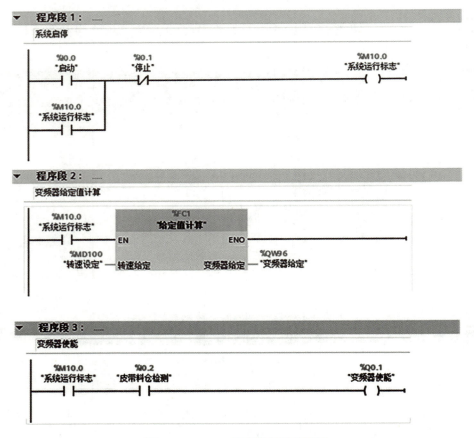

图 6-1-7　PLC 的传送带分拣程序

4. 仿真调试

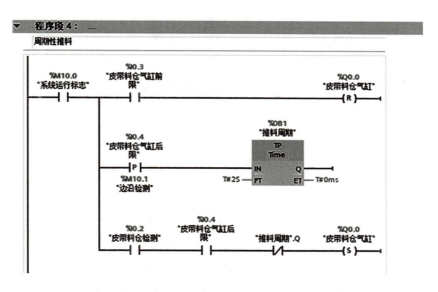

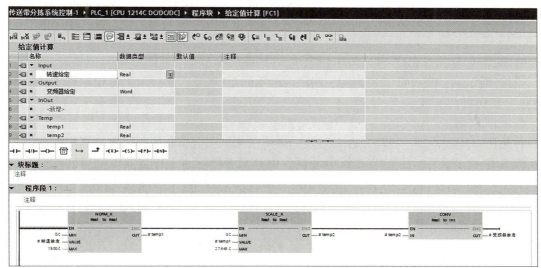

图 6-1-7 PLC 的传送带分拣程序（续）

利用博途监视功能，以及强制表进行仿真调试，验证程序逻辑。

四、装接与调试

1. 安装接线

根据 I/O 接线图，按回路进行连接。

传送带运动

2. 变频器参数设置

首先对 G120 变频器进行快速调试，选择 P15=12，即两线制控制 1，模拟量调速。电动机的启停通过数字量输入 DI0 控制，数字量输入 DI1 用于电动机反向。转速通过模拟量输入 AI0 调节，AI0 默认为 -10~+10 V 输入方式。参数如表 6-1-2 和表 6-1-3 所示。

表 6-1-2　宏指令 12 变频器自动设置参数

参数号	参数值	说明	参数组
P840[0]	r722.0	数字量输入 DI0 作为启动命令	CDSO
P1113[0]	r722.1	数字量输入 DI1 作为电动机反向命令	CDSO
P2103[0]	r722.2	数字量输入 DI3 作为故障复位命令	CDSO
P1070[0]	r755.0	模拟量 AI0 作为主设定值	CDSO

表 6-1-3　宏指令 12 相关需要设置的参数

参数号	缺省值	说明	单位
P756[0]	4	模拟量输入 AI0：类型 $-10\sim+10$ V	
P757[0]	0.0	模拟量输入 AI0：标定 X_1 值	V
P758[0]	0.0	模拟量输入 AI0：标定 Y_1 值	%
P759[0]	10.0	模拟量输入 AI0：标定 X_2 值	V
P760[0]	100.0	模拟量输入 AI0：标定 Y_2 值	%

3. 程序下载

连接网线，将 PC/PG 设置为同一网段内的不同 IP 地址，然后单击博途软件工具栏上的"下载"按钮进行下载。

4. 软硬联调

首先用万用表检查，排除短路的可能，再依次测试主电路和控制电路。利用变频器的控制面板 BOP-2 进入手动模式，测试电动机主电路是否能正常工作以及电动机的转向是否正确。对于控制电路，未免误动作，在测试前应断开动力线路，只留控制电源，逐一"打点"测试输入、输出对应关系，并验证控制逻辑。按输入、逻辑、输出将 PLC 控制系统分为三段，快速圈定故障范围，再逐个排除。

 任务评价

考核项目	考核内容及要求	分值	学生自评(A)	小组评分(B)	教师评分(C)	评价得分(A×20%+B×30%+C×50%)
线路制作(20分)	知识点	10				
	I/O 地址分配表	5				
	外围线路制作	5				
程序设计(25分)	知识点	10				
	梯形图程序	10				
	程序调试	5				

续表

考核项目	考核内容及要求	分值	学生自评（A）	小组评分（B）	教师评分（C）	评价得分（A×20%+B×30%+C×50%）
调试与维护（25分）	系统调试	10				
	系统运行效果	5				
	故障分析与处理	10				
团队合作（8分）	沟通能力	3				
	协调能力	3				
	组织能力	2				
安全文明生产（9分）	遵守纪律	3				
	安全用电	3				
	工具使用	3				
完成时间（3分）	线路制作	1				
	软件编程	1				
	系统调试	1				
其他评价（10分）	课堂互动	5				
	进阶扩展	5				
总分						

任务 2　物料分拣控制

任务导入

在实际工程中,用于生产产品的零器件都需要经过严格的检验和筛选。自动生产线可以利用各类传感器,针对零器件在重量、尺寸、颜色、材质等方面的差异进行分拣。在我们的传送带分拣系统模型中也设计了这一环节。

任务分析

料仓中提供两种材质、三类底座,分别是铝合金底座、黑色塑料底座、白色塑料底座。在实际装配中只有黑色塑料底座是合格产品,需要对料仓中的三类底座进行自动分拣。本任务根据物料材质差异,利用电容传感器检测出金属底座;再根据颜色的反光强度不同,利用光纤传感器检测出白色塑料底座。检出的不合格零器件,通过气缸和传输皮带进行分拣。

知识链接

一、相关传感器

1. 光纤传感器

光纤传感器的基本工作原理是将来自光源的光经过光纤送入调制器,使待测参数与进入调制区的光相互作用后,导致光的光学性质(如光的强度、波长、频率、相位、偏正态等)发生变化,被调制的信号光再经过光纤送入光探测器,经解调后,获得被测参数。光纤的传光过程如图 6-2-1 所示。

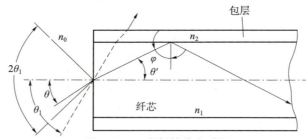

图 6-2-1　光纤的传光过程

2. 电容传感器

电容式接近开关亦属于一种具有开关量输出的电容式位置传感器,它的测量头通常是构成电容器的一个极板,而另一个极板是物体的本身,当物体移向接近开关时,物体和接近开关的介电常数发生变化,使得和测量头相连的电路状态也随之发生变化,由此便可控制开关的接通和关断。这种接近开关的检测物体,并不限于金属导体,也可以是绝缘的液体或粉状物体,在检测较低介电常数 ε 的物体时,可以顺时针调节多圈电位器(位于开关后部)来增加感应灵敏度,一般调节电位器使电容式接近开关在 $0.7 \sim 0.8 S_n$(S_n 表示检测距离)的位置动作。图 6-2-2 所示为电容式接近开关工作原理框图。

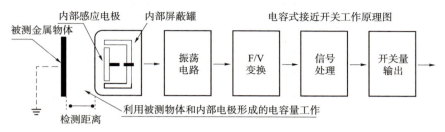

图 6-2-2　接近开关工作原理框图

二、各传感器接线方式

1. 光电传感器接线方式

光电传感器的输出管使用三极管输出，因此分为 NPN 输出和 PNP 输出两种，其接线如图 6-2-3、图 6-2-4 所示。

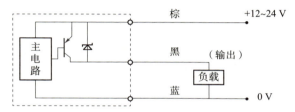

图 6-2-3　光电传感器接线图（PNP 输出型）

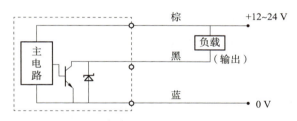

图 6-2-4　光电传感器接线图（NPN 输出型）

光电传感器有三根连接线（棕、蓝、黑），棕色接电源的正极、蓝色接电源的负极、黑色为输出信号。当与挡块接近时输出电平为高电平，否则为低电平。

2. 电容传感器接线方式

电容传感器也分为 PNP 输出型和 NPN 输出型，因此接线方法与光电传感器一致，只是传感触发机制不同，电容传感器检测各种导电或不导电的液体或固体，检测距离为 1~8 mm。

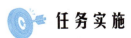

一、I/O 地址分配

根据任务要求，完成的 I/O 地址分配表如表 6-2-1 所示。

表 6-2-1 I/O 地址分配表

输入 I		输出 Q	
启动按钮	I0.0	皮带料仓气缸	Q0.0
停止按钮	I0.1	变频器使能	Q0.1
皮带料仓检测	I0.2	金属分拣气缸	Q0.2
皮带料仓气缸前限	I0.3	光纤分拣气缸	Q0.3
皮带料仓气缸后限	I0.4	光纤分拣皮带	Q0.4
装配台取料口检测	I0.5	金属分拣皮带	Q0.5
金属物料检测	I0.6		
光纤物料检测	I0.7		
金属分拣气缸推出	I1.0		
光纤分拣气缸推出	I1.1		

二、硬件接线

硬件接线图如图 6-2-5 所示。

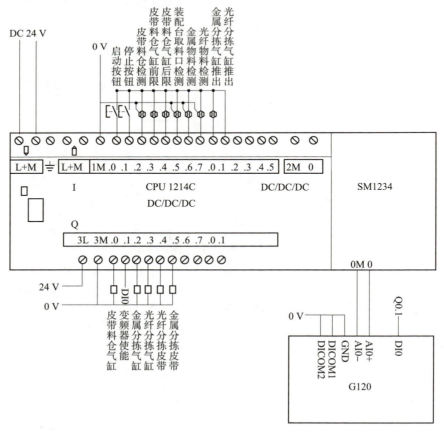

图 6-2-5　硬件接线图

三、创建工程项目

1. 硬件组态

硬件组态过程同项目六任务1。

2. 变量表设置

设置的变量表如图6-2-6所示。

名称	数据类型	地址
启动按钮	Bool	%I0.0
停止按钮	Bool	%I0.1
皮带料仓检测	Bool	%I0.2
皮带料仓气缸前限	Bool	%I0.3
皮带料仓气缸后限	Bool	%I0.4
装配台取料口检测	Bool	%I0.5
金属物料检测	Bool	%I0.6
光纤物料检测	Bool	%I0.7
金属分拣气缸推出	Bool	%I1.0
光纤分拣气缸推出	Bool	%I1.1
皮带料仓气缸	Bool	%Q0.0
变频器使能	Bool	%Q0.1
金属分拣气缸	Bool	%Q0.2
光纤分拣气缸	Bool	%Q0.3
光纤分拣皮带	Bool	%Q0.4
金属分拣皮带	Bool	%Q0.5
变频器给定	Word	%QW96
系统运行标志	Bool	%M10.0
边沿检测	Bool	%M10.1
转速设定	Real	%MD100

图6-2-6 设置变量表

3. 编写程序

物料分拣控制程序图如图6-2-7所示。

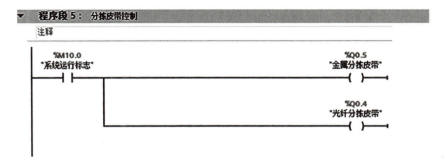

图6-2-7 物料分拣控制程序图

PLC 控制技术

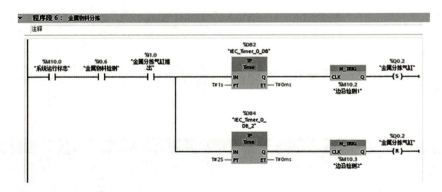

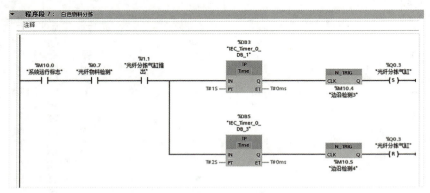

图 6-2-7　物料分拣控制程序图（续）

四、装接与调试

1. 安装接线

根据 I/O 接线图，按回路进行连接。对于西门子 1214C DC/DC/DC，输入既可以接 NPN 型传感器，又支持 PNP 型传感器；对于三线制的传感器，按"棕正蓝负黑输出"接线。接 NPN 型时，PLC 的公共端接正极，传感器的蓝线是另一个公共端；接 PNP 时，PLC 公共端接负极，传感器的棕线是另一个公共端。

2. 程序下载

连接网线，将 PC/PG 设置为同一网段内的不同 IP 地址，然后单击博途软件工具栏上的"下载"按钮进行下载。

3. 软硬联调

首先用万用表检查，排除短路的可能，再依次测试主电路和控制电路。对电动机回路，可以先测量三相阻抗是否对称。对控制电路，为避免误动作，在测试前应断开动力线路，只留控制电源，逐一"打点"测试输入、输出对应关系，并验证控制逻辑。按输入、逻辑、输出将 PLC 控制系统分为三段，快速圈定故障范围，再逐个排除。无误后，方可投入主电路。通常为防止自动系统失灵或出错，方便调试、检修，自动控制系统必须设计手动、自动两种模式，并设置急停开关。

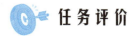

任务评价

考核项目	考核内容及要求	分值	学生自评（A）	小组评分（B）	教师评分（C）	评价得分（A×20%+B×30%+C×50%）
线路制作（20分）	知识点	10				
	I/O 地址分配表	5				
	外围线路制作	5				
程序设计（25分）	知识点	10				
	梯形图程序	10				
	程序调试	5				
调试与维护（25分）	系统调试	10				
	系统运行效果	5				
	故障分析与处理	10				
团队合作（8分）	沟通能力	3				
	协调能力	3				
	组织能力	2				
安全文明生产（9分）	遵守纪律	3				
	安全用电	3				
	工具使用	3				
完成时间（3分）	线路制作	1				
	软件编程	1				
	系统调试	1				
其他评价（10分）	课堂互动	5				
	进阶扩展	5				
总分						

任务 3　滑台控制

任务导入

PLC 从产生以来，功能不断强化，在最初代替传统继电器-接触器控制的逻辑控制基础上，发展出了模拟量控制、数据处理、通信控制、高速计数、运动控制等功能。运动控制系统主要实现设备的位置、速度、转矩等控制，通常由控制器、驱动器、电动机以及反馈装置等构成。S7-1200 PLC 支持的运动控制方式包含 PTO 控制方式、通信控制方式、模拟量控制方式等 3 种。

任务分析

本任务利用 PLC 高速脉冲输出（PTO）方式控制步进电动机驱动的滚珠丝杠滑台（及机械手）的位置，为后续的入库与装配任务打好基础。本任务主要内容包含步进电动机、步进驱动器的原理、安装接线、参数设置；PLC 运动控制组态、运动控制指令、运动控制面板的使用等。

知识链接

运动控制概述

一、步进电动机与步进驱动器

1. 步进电动机

一种用电脉冲信号进行控制，并将电脉冲信号转换成角位移或线位移的控制电动机。按工作原理，步进电动机可分为反应式、永磁式、混合式三类。本任务使用的是 57HS22 两相式混合步进电动机。

2. 步距角

步进电动机的精度由静态步距角误差来衡量。步距角是指步进电动机在一个电脉冲作用下转子所转过的角位移，也称为步距。步距角的大小与定子控制绕组的相数、转子的齿数和通电的方式有关。

3. 步进驱动器

步进驱动器是个功率放大装置，将控制器提供的小功率信号放大到足以驱动步进电动机的功率等级。更重要的是它的细分功能，通过控制各相绕组中的电流，使它们按一定的规律上升或下降，相应的合成磁场矢量也将形成多个稳定的中间状态，将固有步距角的"一大步"切分为若干小步。本任务采用 DM556 驱动器。

4. 接线

57HS22 可采用串联和并联两种接法。57HS22 电机引线定义和串、并联接法如图 6-3-1 所示，其中相是相对的，但不同相的绕组不能接在驱动器同一相的端子上。DM556 配 57HS22 典型接线如图 6-3-2（a）所示。

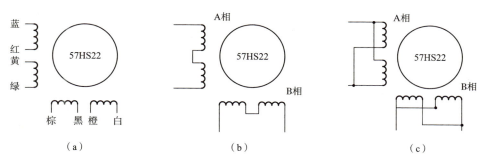

图 6-3-1　57HS22 引线定义和串、并联接法

（a）引线定义；（b）串联接法；（c）并联接法

5. 参数设置

DM556 驱动器采用八位拨码开关设定细分精度、动态电流、静止半流以及实现电动机参数和内部调节参数的自整定。DM556 驱动器拨码设置如图 6-3-2（b）所示。

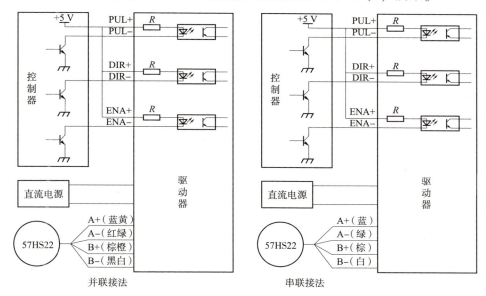

注：（1）串联时，将（红黄）相连再悬空，（黑橙）相连再悬空；
　　（2）若电动机转向与期望转向不同时，仅交换 A+、A- 的位置即可；
　　（3）相是相对的，但不同相的绕组不能接在驱动器同一相的端子上，
　　　　即如果 A+、A- 为一相，则 B+、B- 为另一相。

（a）

（b）

图 6-3-2　DM556 配 57HS22 典型接线与 DM556 驱动器拨码设置

（a）DM556 配 57HS22 典型接线；（b）DM556 驱动器拨码设置

PLC 控制技术

（1）工作（动态）电流设定。

工作（动态）电流设置如表 6-3-1 所示。

表 6-3-1 动态电流设置参数表

输出峰值电流/A	输出均值电流/A	SW1	SW2	SW3	电流自设定
默认		off	off	off	
2.1	1.5	on	off	off	
2.7	1.9	off	on	off	当 SW1、SW2、SW3 设为 off off off 时，可以通过 PC 软件设定为所需电流，最大值为 5.6 A，分辨率为 0.1 A。不设置时则默认电流为 1.4 A
3.2	2.3	on	on	off	
3.8	2.7	off	off	on	
4.3	3.1	on	off	on	
4.9	3.5	off	on	on	
5.6	4.0	on	on	on	

（2）静止（静态）电流设定。

静态电流可用 SW4 拨码开关设定，off 表示静态电流设为动态电流的一半，on 表示静态电流与动态电流相同。一般用途中应将 SW4 设成 off，使得电动机和驱动器的发热减少，可靠性提高。脉冲串停止后 0.4 s 左右电流自动减至一半左右（实际值的 60%），发热量理论上减至 36%。

（3）细分设定。细分设置如表 6-3-2 所示。

表 6-3-2 细分设置参数表

步数/转	SW5	SW6	SW7	SW8	微步细分说明
默认	on	on	on	on	
400	off	on	on	on	
800	on	off	on	on	
1 600	off	off	on	on	
3 200	on	on	off	on	
6 400	off	on	off	on	当 SW5、SW6、SW7、SW8 都为 on 时，驱动器细分采用驱动器内部默认细分数：16；用户通过 PC 机软件 ProTuner 或 STU 调试器进行细分数设置时，最小值为 1，分辨率为 1，最大值为 512
12 800	on	off	off	on	
25 600	off	off	off	on	
1 000	on	on	on	off	
2 000	off	on	on	off	
4 000	on	off	on	off	
5 000	off	off	on	off	
8 000	on	on	off	off	
10 000	off	on	off	off	
20 000	on	off	off	off	
25 000	off	off	off	off	

(4) 参数自整定功能。

若 SW4 在 1 s 内往返拨动一次，驱动器便可自动完成电动机参数和内部调节参数的自整定。在电动机、供电电压等条件发生变化时请进行一次自整定，否则，电动机可能会运行不正常。注意此时不能输入脉冲，方向信号也不应变化。

实现方法：

①SW4 由 on 拨到 off，然后在 1 s 内再由 off 拨回到 on；

②SW4 由 off 拨到 on，然后在 1 s 内再由 on 拨回到 off。

二、运动控制指令

（1）MC_Power：可启用或禁用轴。"Enable" = TRUE，启用轴，运动控制命令无法中止"MC_Power"的执行。"Enable" = FALSE，禁用轴，将根据所选的"StopMode"中止相关工艺对象的所有运动控制命令。

（2）MC_Home：轴的绝对定位需要回原点，使用本指令可将轴坐标与实际物理驱动器位置进行匹配。

（3）MC_MoveAbsolute：本指令启动轴定位运动，以将轴移动到某个绝对位置。

（4）MC_MoveRelative：本指令以运动起始位置为原点，启动相对于起始位置的定位运动。

（5）MC_MoveJog：在点动模式下，以指定的速度连续移动轴，可以使用该运动控制指令进行测试和调试。

相对定位　　绝对定位

一、I/O 地址分配

根据任务要求，完成的 I/O 地址分配表如表 6-3-3 所示。

表 6-3-3　I/O 地址分配表

输入 I		输出 Q	
滑台左限位	I0.0	轴_1_脉冲	Q0.0
滑台右限位	I0.1	轴_1_方向	Q0.1
滑台原点	I0.2		

二、硬件接线

硬件接线图如图 6-3-3 所示。

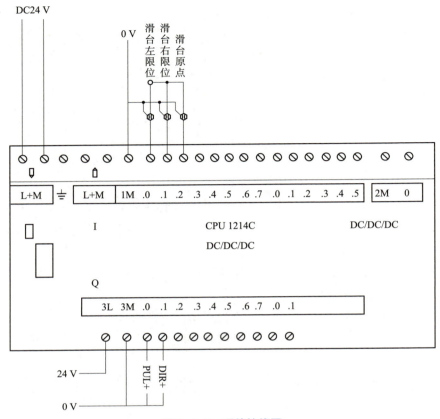

图 6-3-3　硬件接线图

三、创建工程项目

回原点-动画

1. 硬件组态

硬件组态过程同项目六任务 1。

2. 变量表设置

设置的变量表如图 6-3-4 所示。

		名称	数据类型	地址	保持	从 H…	从 H…	在 H…
1		滑台左限位	Bool	%I0.0	☐	☑	☑	☑
2		滑台右限位	Bool	%I0.1	☐	☑	☑	☑
3		滑台原点	Bool	%I0.2	☐	☑	☑	☑
4		轴_1_脉冲	Bool	%Q0.0	☐	☑	☑	☑
5		轴_1_方向	Bool	%Q0.1	☐	☑	☑	☑
6		<新增>				☑	☑	☑

图 6-3-4　设置变量表

3. 轴工艺组态

轴工艺组态具体操作如图 6-3-5~图 6-3-9 所示。

项目六 传送带分拣系统综合应用

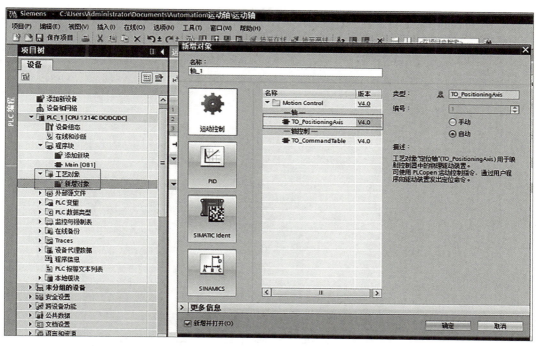

图 6-3-5 设置工艺对象

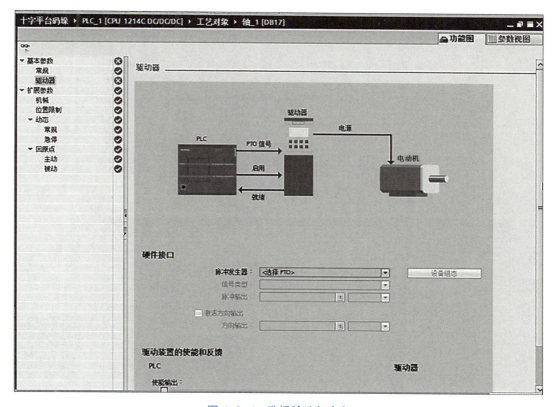

图 6-3-6 选择脉冲加方向

153

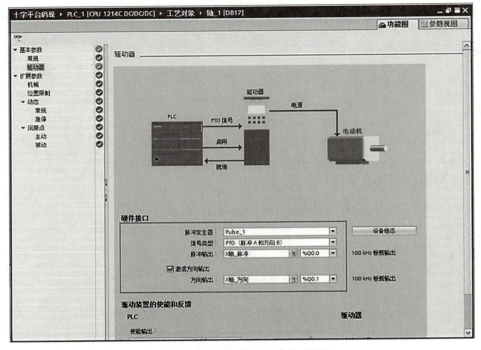

图 6-3-6　选择脉冲加方向（续）

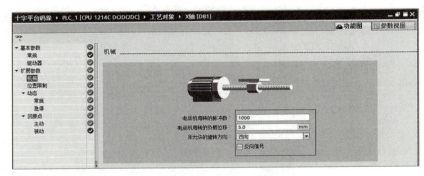

图 6-3-7　设置机械参数

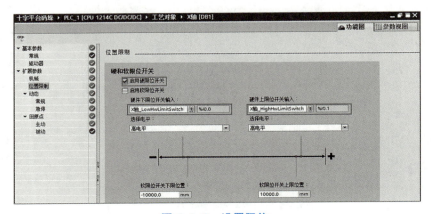

图 6-3-8　设置限位

滑台运动控制
的仿真操作

项目六 传送带分拣系统综合应用

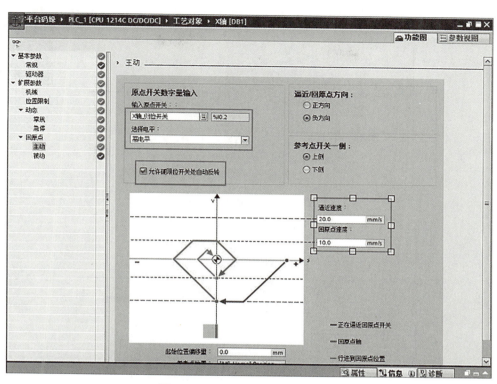

图 6-3-9 设置回原点方式及速度

4. 编写程序

如图 6-3-10 所示,在右侧的"指令"选项卡中单击"工艺"→"Motion Control"选项,选择所需指令并赋予相应参数。

工艺与调试面板　工艺与调试面板 2

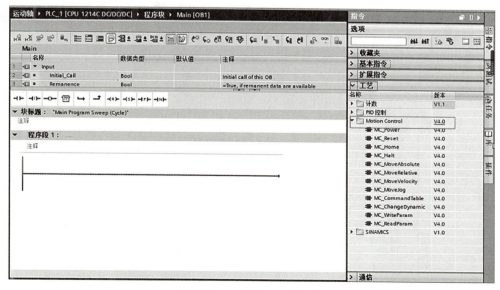

图 6-3-10 添加工艺指令

155

编写的程序如图 6-3-11~图 6-3-16 所示。

西门子 S7-1200
运动轴回原点

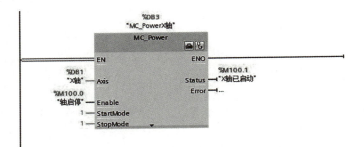

图 6-3-11　启停轴程序

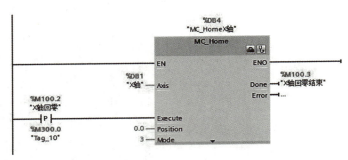

图 6-3-12　轴回零

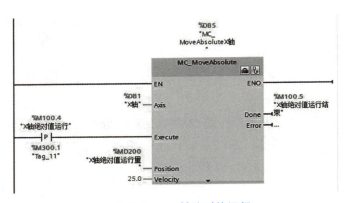

图 6-3-13　轴绝对值运行

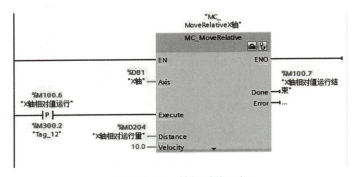

图 6-3-14　轴相对值运行

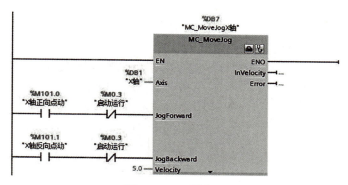

图 6-3-15　轴点动

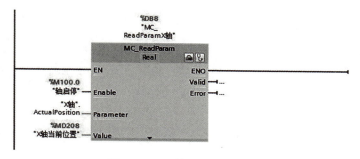

图 6-3-16　轴当前位置读取

四、装接与调试

1. 安装接线

驱动器接线图如图 6-3-17 所示。

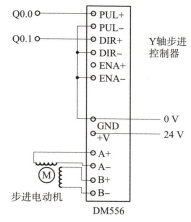

图 6-3-17　驱动器接线图

2. 软硬联调

可以使用控制面板调试进行轴的实际运行功能测试，验证轴的运动方向加速度或减速度、速度等。在此过程中，如果出现软件限位动作，则会报故障，轴被停止，并只有在复位

157

PLC 控制技术

故障后才能进行下一步调试。对轴组态和调试后，还可以对运动控制轴进行诊断。轴调试和轴诊断如图 6-3-18、图 6-3-19 所示。

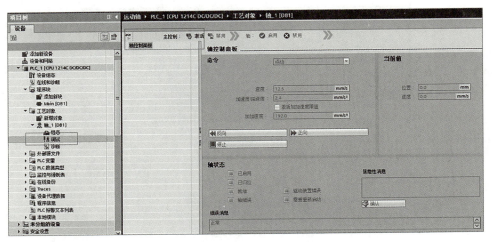

图 6-3-18　轴调试

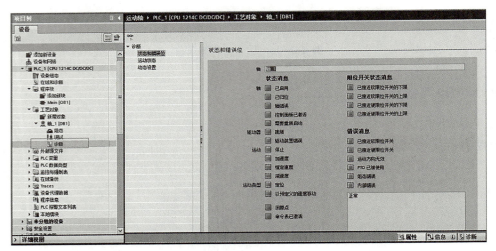

图 6-3-19　轴诊断

 任务评价

考核项目	考核内容及要求	分值	学生自评 (A)	小组评分 (B)	教师评分 (C)	评价得分 (A×20%+B×30%+C×50%)
线路制作 (20 分)	知识点	10				
	I/O 地址分配表	5				
	外围线路制作	5				

续表

考核项目	考核内容及要求	分值	学生自评（A）	小组评分（B）	教师评分（C）	评价得分（A×20％+B×30％+C×50％）
程序设计（25分）	知识点	10				
	梯形图程序	10				
	程序调试	5				
调试与维护（25分）	系统调试	10				
	系统运行效果	5				
	故障分析与处理	10				
团队合作（8分）	沟通能力	3				
	协调能力	3				
	组织能力	2				
安全文明生产（9分）	遵守纪律	3				
	安全用电	3				
	工具使用	3				
完成时间（3分）	线路制作	1				
	软件编程	1				
	系统调试	1				
其他评价（10分）	课堂互动	5				
	进阶扩展	5				
总分						

任务 4　物料入库控制

任务导入

实际工程中，大量的复杂控制任务可以分解为一系列独立的简单状态（步），而整个控制流程只是这些状态按照一定的顺序和条件依次地执行和切换。这样的编程方法通常称为顺序控制设计法，又称步进法。本次任务我们将运用该设计方法来编写控制程序。

任务分析

装配台取料口有料时，启动滑台带动气动机械手定位至取料口位置；然后控制气动机械手旋转、下降、夹取、上升，并由滑台将其送至对应仓位；到位后，启动机械手下降、释放、上升、旋转，滑台回到取料口位置；进行下一轮入库操作，直至五个仓位全部装满。

知识链接

一、顺序控制（功能图）概述

1. 顺序功能图的元素

（1）步（Step）：将系统的一个工作周期划分为若干个顺序相连的阶段，这些阶段称为步。

（2）初始步：与系统初始状态相对应的步。

（3）活动步：当系统正处于某一步所在的阶段时，称该步处于活动状态，即该步为"活动步"，可以通过编程元件的位状态来表征步的状态。步处于活动状态时，执行相应的动作。

（4）有向连线与转换条件：有向连线表明步的转换过程，即系统输出状态的变化过程。顺序控制中，系统输出状态的变化过程是按照规定的程序进行的，顺序功能图中的有向连线就是该顺序的体现。有向连线的方向若是从上到下或从左到右，则有向连线上的箭头可以省略；否则应在有向连线上用箭头注明步的进展方向，通常为了易于理解而加上箭头。

（5）动作：在每一步中施控系统要发出某些"命令"，而被控系统要完成某些"动作"，"命令"和"动作"都称为动作。

（6）子步（Microstep）：在顺序功能图中，某一步可以包含一系列子步和转换。通常这些序列表示系统的一个完整的子功能。

顺序功能图元素如图 6-4-1 所示。

2. 顺序功能图的结构

（1）单序列：用来描述各步依次执行的控制流程，如图 6-4-2（a）所示。

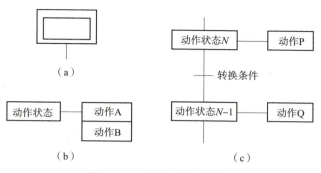

图 6-4-1 顺序功能图元素
(a) 初始状态；(b) 普通步及动作；(c) 步的转换

(2) 选择分支：用以描述某步后可有多种可选择步的控制流程，如图 6-4-2（b）所示。

(3) 并行分支：用于描述某步后多条工艺同步执行的控制流程，如图 6-4-2（c）所示。

二、顺序控制设计法

(1) 首先根据系统工作过程中状态的变化，将控制过程划分为若干个阶段。这些阶段称为步（Step）。步是根据 PLC 输出量的状态划分的。只要系统的输出量的通断状态发生了变化，系统就从原来的步进入新的步。

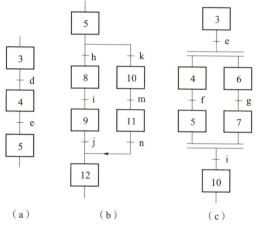

图 6-4-2 顺序功能图结构

(2) 各相邻步之间的转换条件。转换条件使系统从当前步进入下一步。常见的转换条件有限位开关的通/断，定时器、计数器常开触点的接通等。转换条件也可能是若干个信号的组合。

(3) 画出顺序功能图或列出状态表。

(4) 根据顺序功能图或状态表，采用某种编程方式，设计出系统的梯形图程序。

任务实施

一、I/O 地址分配

根据本任务要求，完成的 I/O 地址分配表如表 6-4-1 所示。

表 6-4-1　I/O 地址分配表

输入 I		输出 Q	
滑台左限位	I0.0	轴_1_脉冲	Q0.0
滑台右限位	I0.1	轴_1_方向	Q0.1
滑台原点	I0.2	旋转气缸	Q0.2

续表

输入 I		输出 Q	
皮带来料检测	I0.3	升降气缸	Q0.3
旋转气缸原点	I0.4	气爪	Q0.4
旋转气缸动作	I0.5		
升降气缸上升	I0.6		
升降气缸下降	I0.7		
气爪夹紧	I1.0		
气爪放松	I1.1		

二、硬件接线

硬件接线图如图 6-4-3 所示。

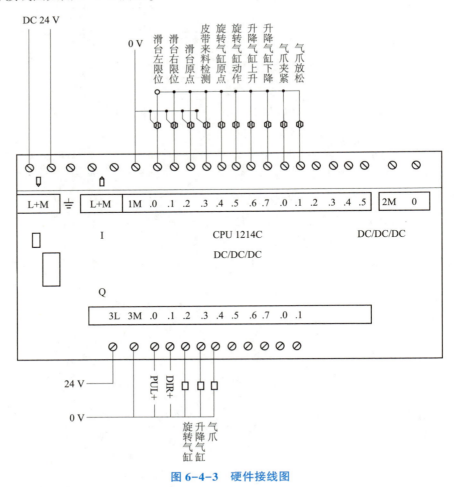

图 6-4-3 硬件接线图

三、创建工程项目

1. 硬件组态
硬件组态过程同项目六任务1。

2. 变量表设置
设置的变量表如图6-4-4所示。

		名称	数据类型	地址	保持	从 H...	从 H...	在 H...	注释
1		轴_1_脉冲	Bool	%Q0.0	□	☑	☑	☑	
2		轴_1_方向	Bool	%Q0.1	□	☑	☑	☑	
3		旋转气缸	Bool	%Q0.2	□	☑	☑	☑	
4		升降气缸	Bool	%Q0.3	□	☑	☑	☑	
5		气爪	Bool	%Q0.4	□	☑	☑	☑	
6		滑台左限位	Bool	%I0.0	□	☑	☑	☑	
7		滑台右限位	Bool	%I0.1	□	☑	☑	☑	
8		滑台原点	Bool	%I0.2	□	☑	☑	☑	
9		皮带来料检测	Bool	%I0.3	□	☑	☑	☑	
10		旋转气缸原点	Bool	%I0.4	□	☑	☑	☑	
11		旋转气缸动作	Bool	%I0.5	□	☑	☑	☑	
12		升降气缸上升	Bool	%I0.6	□	☑	☑	☑	
13		升降气缸下降	Bool	%I0.7	□	☑	☑	☑	
14		气爪夹紧	Bool	%I1.0	□	☑	☑	☑	
15		气爪放松	Bool	%I1.1	□	☑	☑	☑	

图6-4-4 变量表设置

3. 编写程序
绘制的顺序功能图如图6-4-5所示,编写的程序控制图如图6-4-6所示。

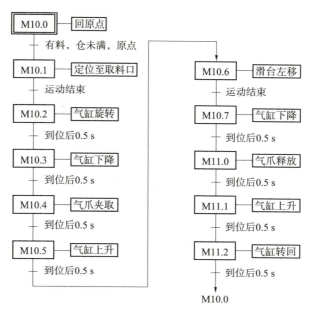

图6-4-5 顺序功能图

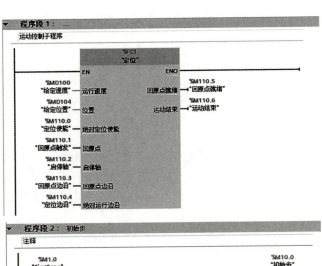

图 6-4-6　程序控制图

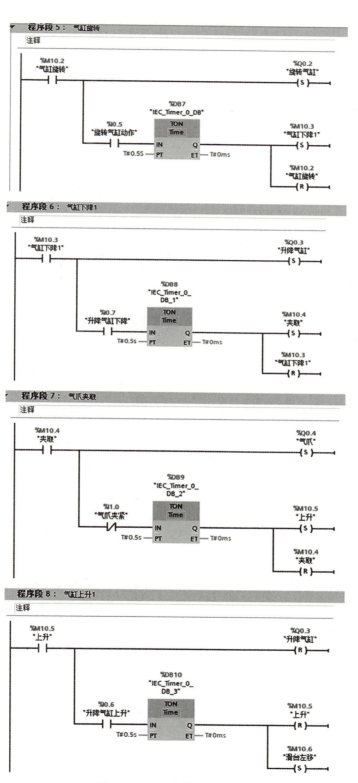

图 6-4-6 程序控制图(续)

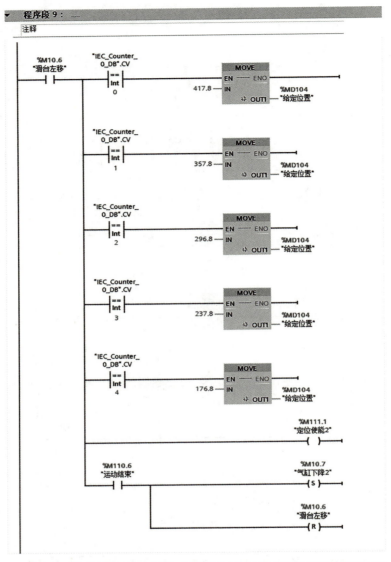

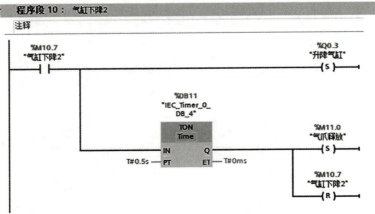

图 6-4-6 程序控制图（续）

项目六 传送带分拣系统综合应用

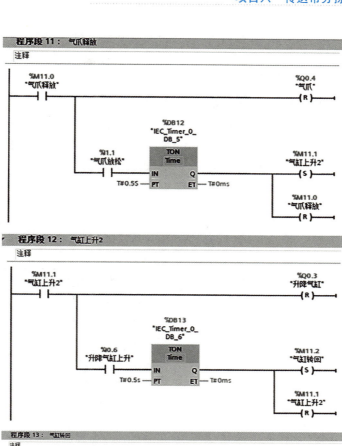

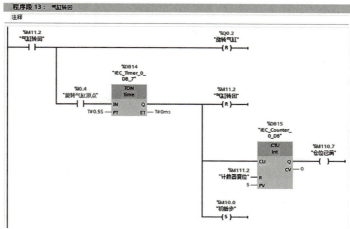

图 6-4-6 程序控制图（续）

四、装接与调试

1. 安装接线

根据 I/O 接线图以及项目六任务 3 的安装接线图进行接线。

2. 软硬联调

在不接入驱动器的条件下用手直接转动电动机的轴,如果能轻松均匀地转动,说明接线正确;如果遇到阻力较大和不均匀并伴有一定的声音,说明接线错误。用此法先判断步进电动机串联或并联接法正确与否后,利用控制面板或者点动指令,确认步进电动机的运行方向。可在转换条件中串入一常开按钮,以此实现单步运行,便于诊断故障。

任务评价

考核项目	考核内容及要求	分值	学生自评(A)	小组评分(B)	教师评分(C)	评价得分(A×20%+B×30%+C×50%)
线路制作(20分)	知识点	10				
	I/O 地址分配表	5				
	外围线路制作	5				
程序设计(25分)	知识点	10				
	梯形图程序	10				
	程序调试	5				
调试与维护(25分)	系统调试	10				
	系统运行效果	5				
	故障分析与处理	10				
团队合作(8分)	沟通能力	3				
	协调能力	3				
	组织能力	2				
安全文明生产(9分)	遵守纪律	3				
	安全用电	3				
	工具使用	3				
完成时间(3分)	线路制作	1				
	软件编程	1				
	系统调试	1				
其他评价(10分)	课堂互动	5				
	进阶扩展	5				
总分						

项目小结

本项目以传送带分拣系统模型为载体,在任务1中,利用PLC的模拟量输入控制G120变频器实现皮带的匀速运行;在任务2中,介绍了电容传感器、磁性传感器、光纤传感器等的工作原理与接线,利用物料材质和反光性能的差异实现了物料的分拣;在任务3中,介绍了步进电动机的工作原理与控制方式,熟悉了步进驱动器的接线与设置,掌握了常用运动控制指令;在任务4中则着重介绍了一种重要程序设计方法——步进法,并运用此方法实现了物料的抓取与入库控制。

巩固练习

1. 如果需要在 CPU 1215C DC/DC/DC 型号 PLC 的输入端接入三线制 NPN 型接近开关,PLC 的输入公共端 1M 需要接电源的什么极性?

2. 如何配置将 DM556 步进驱动器"细分"设置成"12800"?

3. 根据下面给出的顺序功能图补全四台电动机的顺序启动和同时停止程序。启动按钮地址为 I0.0,停止按钮地址为 I0.1。

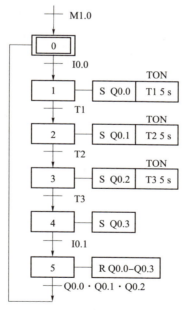

顺序功能图

参 考 文 献

［1］陈丽，程德芳. PLC应用技术（S7-1200）［M］. 北京：机械工业出版社，2022.
［2］侍寿永. 西门子S7-1200 PLC编程及应用教程［M］. 北京：机械工业出版社，2022.
［3］王烈准，孙吴松. S7-1200 PLC应用技术项目教程［M］. 北京：机械工业出版社，2022.